U1015474

城市土地利用碳收支与低碳生态城建设水平评估

Urban Land Use Carbon Budget and Low Carbon Eco-city Construction Level Assessment

崔耀平　刘朋　谭美秋　张柏林　潘涛　刘素洁　付一鸣　赵浩程◎著

中国经济出版社
CHINA ECONOMIC PUBLISHING HOUSE
北　京

图书在版编目（CIP）数据

城市土地利用碳收支与低碳生态城建设水平评估／崔耀平等著．--北京：中国经济出版社，2024.6

ISBN 978-7-5136-7783-7

Ⅰ．①城… Ⅱ．①崔… Ⅲ．①城市土地-土地利用-影响-碳循环-研究 ②生态城市-城市建设-研究 Ⅳ．①F299.232 ②X511 ③X21

中国国家版本馆 CIP 数据核字（2024）第 108525 号

组稿编辑　丁　楠
责任编辑　罗　茜
责任印制　马小宾
封面设计　久品轩

出版发行　中国经济出版社
印 刷 者　北京富泰印刷有限责任公司
经 销 者　各地新华书店
开　　本　710mm×1000mm　1/16
印　　张　14.25
字　　数　185 千字
版　　次　2024 年 6 月第 1 版
印　　次　2024 年 6 月第 1 次
定　　价　88.00 元
广告经营许可证　京西工商广字第 8179 号

中国经济出版社　**网址** http://epc.sinopec.com/epc/　**社址** 北京市东城区安定门外大街 58 号　**邮编** 100011
本版图书如存在印装质量问题，请与本社销售中心联系调换（联系电话：010-57512564）

版权所有　盗版必究（举报电话：010-57512600）
国家版权局反盗版举报中心（举报电话：12390）　　服务热线：010-57512564

序

低碳发展是人类应对全球气候变化的重大举措和学术界科学探索的热点问题。温室气体排放导致全球气候变暖，引发了一系列社会经济问题，也威胁到人类的生存和可持续发展。我国已明确提出合乎中国国情的碳达峰碳中和（“双碳”）目标，即二氧化碳排放力争2030年前达到峰值，努力争取2060年前实现碳中和。在“双碳”目标驱动下，我国积极探索低碳发展新模式，深挖“增汇减排”潜力，开展了一系列行之有效的科学实践。在发展要素高度集聚的城市系统，低碳发展模式和低碳生态城建设水平的探索性研究，将为我国科学制定“双碳”实施计划、高标准完成“双碳”目标任务提供科学依据和支撑。

土地利用变化综合反映了人类活动对自然环境的影响，人类生产和生活引起的各用地类型间的转移变化是导致碳收支变化的重要因素。随着经济社会的快速发展，城市化率不断提高，人类活动强度也随之提升，城市扩张加剧、土地资源过度开发、化石能源大量燃烧等导致大气中二氧化碳的浓度不断增加，对地球表层能量和生态平衡造成严重干扰。土地利用变化与温室气体排放密切相关，且不同用地类型的碳排放与碳吸收机理特性差异较大，在明确各用地类型碳收支机理的基础上，构建完整的土地利用碳收支核算体系，并探索未来碳排放的发展趋势，对于提高碳收支核算的科学性和完整性价值显著。同时，在“双碳”目标和低碳发展的推动下，全国各地陆续开展了低碳生态城建设，而城市作为人类活动强度最大和聚集度最高的地域系统，低碳生态城的建设将成为降低碳排放的有效手段。由于城市发展水平和发展方向的差异性，各地低碳生态城的建设模式多种多样，能建立一套区域化的评价体系对于城市低碳发展至关重要。

本书对接黄河流域生态保护和高质量发展国家重大区域战略，选取黄河中下游的核心城市——郑州市，基于各土地利用类型的碳收支，构建科学的碳收支核算方法体系，从不同角度来分析土地利用碳排放变化，并通过设置多情景对比分析，模拟预测未来的发展趋势。在此基础上，以郑州市土地和环境资源本底为基础，建立低碳生态城建设水平评价指标体系，评估郑州市低碳生态城建设水平，从而为低碳生态城建设评估提供黄河流域的城市样本。

本书作者深耕土地利用变化、碳收支和低碳发展多年，围绕土地利用碳收支和低碳生态城建设水平评估做了深入的探讨研究，为区域低碳发展提供了重要的评估方法和实践案例。对于从事土地资源管理、城市低碳发展规划和“双碳”目标的理论与实践工作者，本书是一部值得研读的著作。谨此向本书作者表示祝贺，期待更多的读者可以从本书中受益，也期待着作者在低碳发展与评估领域产出更多高水平的成果。

秦耀辰
河南大学教授

前　言

在全球气候变暖的大背景下，低碳发展已然成为当今研究的热点，基于人类活动影响的土地利用变化对碳排放有着重要影响。不同用地类型的碳收支机理差异较大，人类活动导致的各用地类型间的转移也直接影响了碳排放。研究土地利用及碳排放，基于不同情景模拟预测探索低碳发展优化方案，并就城市发展现状构建本土化低碳生态城建设水平评价体系开展评估，对城市低碳发展具有直接的借鉴意义。

本书作者多年来一直聚焦土地利用碳收支及低碳发展相关研究，从各用地类型碳收支机理出发，探讨土地利用与碳排放变化的内在关联，并深挖土地利用及城市建设在低碳生态发展方面的更多潜力。作者在中国科学院地理科学与资源研究所攻读博士学位期间，深度参与了刘纪远先生主持的国家重点基础研发项目（“973”项目）：大尺度土地利用变化对全球气候的影响，并完成了博士学位论文——“城市扩展对城市热岛及区域气候的影响”。作者分别申请并主持了国家自然科学基金委“京津冀地区土地利用变化对区域气温的调节机制和贡献率研究”“区域下垫面和温室气体变化对气温的调节效应研究”“中国土地利用/覆盖变化的气温反馈效应及机制研究”。2021 年，主要作者又与河南省土地整理中心等单位深度合作，完成了国家重点研发计划政府间重点专项“土壤侵蚀动态监测及预警关键技术”、河南省生态碳汇能力提升项目等，依据各生态系统特性构建完成了碳量核算方法体系，并核算了河南省生态系统碳源汇现状，积极探索和挖掘碳汇能力提升路径。

当前，土地利用碳收支及低碳生态城建设水平评估方面的研究成果已有不少，这既对本书的撰写提供了重要的理论支持和方法借鉴，也为本书的推广奠定了一定的读者基础。基于现有研究，作者整理总结了土地利用碳收支研究的突出问题，以研究区的土地利用本底和现状为依据，研究区域低碳发展问题，从“本底—核算—模拟—评估”等方面开展土地利用碳收支及低碳生态城建设水平评估。

全书包含四部分内容，共7章：第一部分为第1章，主要是土地利用变化及低碳生态城建设水平评估研究的基本概念和理论基础；第二部分为第2~3章，主要整理了土地利用变化研究进展与评价方法及低碳生态城研究进展与评价方法模型；第三部分为第4~6章，主要内容为郑州市土地利用变化特征、土地利用变化碳排放评价及土地利用优化模拟；第四部分为第7章，主要对郑州市低碳生态城建设水平开展评估。本书的主体框架和研究思路由崔耀平提出，具体分工如下：第1章由崔耀平、张柏林和付一鸣撰写，第2章、第3章由崔耀平、张柏林、谭美秋和潘涛撰写，第4章由崔耀平、刘朋和赵浩程撰写，第5章、第6章由崔耀平、刘朋和付一鸣撰写，第7章由谭美秋、崔耀平、张柏林、刘素洁和潘涛撰写，崔耀平、刘朋和潘涛负责统稿。此外，附录中提供的21个相关生态城市、低碳城市建设指标表系统全面，单表信息量和综合信息量均非常丰富，全体作者参与梳理，也特推荐给读者研读。

在本书编撰过程中，作者做了很多基础工作，翻阅参考了大量文献，主要观点做了引用标注。在此衷心感谢在本书成稿过程中提供支持与帮助的各位老师和同学。同时，限于作者水平和精力，如有疏漏和不足之处，在此向各位读者表示歉意，并敬请批评指正！

全体作者

2023年9月

目　录

第1章

绪 论

1.1 研究背景

1.1.1 全球气候变化

全球气候变暖是指地球上的平均气温逐年升高，这是人类活动带来的大量温室气体排放所致。近年来，随着全球经济和人口快速增长，人类对能源、食品和生产物资的需求也大幅增加，而这些活动不可避免地会排放大量温室气体。温室气体主要有二氧化碳、甲烷、氧化亚氮等，这些气体能在大气中形成隔热层，使得地球表面的热量无法向太空中散发，从而导致气温上升（禹湘等，2020）。气候变暖不仅会带来极端气候和环境问题，还会对人类社会产生深远影响，如粮食产量减少、自然灾害增加、健康问题加剧等，已经严重威胁人们的日常生活和生命安全，是当前世界面临的重要挑战，也是急需解决的难题（Katarzyna et al.，2018；Shrestha et al.，2019；Song，2017；Tolessaa et al.，2016）。

随着中国城市化和工业化进程的不断推进，建设用地的需求量持续上升。城市加速扩展导致林地、草地等生态用地被大量占用和破坏，引发一系列土地利用的负向连锁反应（王海林等，2020）。气候问题已成为限制经济社会快速发展的重要因素，也是倒逼经济产业转型的重要驱动力（程叶青等，2013）。中国作为世界大国，近年来陆地气温显著上升，二氧化碳减排压力日益增加（温雪颖，2019）。整理分析已有研究，发现近半个世纪以来，我国由人类活动引起的土地利用变化产生的碳排放占总排放的30%（刘燕华等，2008）。人类活动对地表土地利用的改造，改变了陆地生态系统的空间结构，深刻影响着地球碳循环进程。土地利用变化已经成为各地区碳排放变化的主要驱动力之一（韩骥等，2016）。

在全球各国的广泛关注下，低碳减排已经成为世界整体发展转型的总方向和目标，作为低碳发展的主要手段，碳排放的研究也已经成为全球范围内的热点话题。当前研究已经涉及能源利用、交通运输、工业制造等多个领域。为了应对气候变化和全球变暖的威胁，各国也制定了相应的碳排放限制和减排目标，推动能源转型和低碳发展。

1.1.2 国家低碳发展要求

低碳发展是世界发展的总方向，也是中国发展制定的总目标。随着全球气候变暖和极端天气的频繁出现，低碳发展理念逐渐走进大众视野，并受到国内外学者的重点关注。在低碳发展要求下，我国提出低碳经济发展模式和能源结构的调整。“十四五”规划中明确指出，我国经济发展必须遵循低碳、绿色、循环等发展要求。现阶段，我国生态文明建设的重点工作是降低碳排放和减少污染，不断推进经济社会的可持续发展，最终实现生态环境质量的根本提升。绿色低碳的发展理念指引了我国经济发展的总方向和总目标。在全球降碳的大背景下，我国提出了2030年前实现碳达峰、2060年前实现碳中和的阶段性目标，为解决全球气候问题和实现高质量发展提出具体要求，展现了大国的责任与担当（王海林等，2020；程叶青等，2013）。“双碳”任务充满了操作的复杂性和时间的紧迫性，任务艰巨、时间紧迫。在此要求下，国内低碳发展模式的研究逐渐兴起，以“低能耗、低排放、低污染”为特征的发展模式被试点推广。

现阶段，我国已确定了6个低碳省区试点和36个低碳城市试点，不断探索中国特色的低碳城市建设模式，积极推进绿色低碳发展研究（韩骥等，2016）。在绿色低碳发展趋势和要求下，我国持续探索和创新低碳发展模式与措施，依靠科技创新和产业转型等减少碳排放，不断突破低碳减排目标。在国家的整体战略和绿色可持续发展的总目标下，河南省也印发了《河南省碳达峰实施方案》，提出推广绿色建筑模式、加快推进新型工业化发展、提高可再生能源和土地资源的综合利用水平等低碳发展方向，以期高标准地完成低碳转型发展。低碳发展不仅体现我国作为大国的责任担当，而且符合我国生态文明建设的总体要求，也与美丽乡村建设、可持续发展战略不谋而合，是国家绿色发展的重要抓手。

1.1.3 郑州市发展机遇与面临的挑战

黄河流域是我国重要的生态屏障和经济地带，在我国生态安全和经济社会发展方面具有十分重要的地位。加强黄河流域水体保护和高质量发展，积极支持流域省区打赢脱贫攻坚战，既是国家战略的重要需求，也是解决好流域地区人民关心的防洪安全、饮水安全、生态安全等问题的根本，对维护社会稳定、促进民族团结具有重要意义。习近平总书记强调，要坚持“绿水青山就是金山银山”的理念，坚持生态优先、绿色发展，以水而定、量水而行，因地制宜、分类施策，上下游、干支流、左右岸统筹谋划，共同抓好大保护，协同推进大治理，着力加强生态保护治理、保障黄河长治久安，促进全流域高质量发展。党的十八大以来，我国的生态文明建设明确了“节水优先、空间均衡、系统治理、两手发力”的治水思路，但当前黄河流域仍存在一些突出问题，生态环境较为脆弱。作为黄河流域主要城市之一的郑州市，是推进黄河流域生态文明建设和高质量发展的重要契机。以郑州市土地利用碳收支和低碳生态城建设水平评估研究为基础，为推进郑州市低碳绿色发展提出可行性建议，对黄河流域高质量发展具有重要意义。

随着城市化和工业化的快速推进，郑州市城市化率不断提升、建设用地加速扩张，导致土地利用结构发生改变，耕地、草地等被部分占用，引起碳排放量不断增加。在发展的整体需求下，郑州城市扩张主要表现为生产、生活空间不同程度地挤占具有重要生态功能的生态空间，导致生物多样性减少和温室气体排放量增多等生态环境问题。在郑州市建设用地扩张速度逐渐加快的同时，人口增长速度也不断提升，而城市整体的产业结构还未完成低碳化转型，因此造成城市面积扩张而利用率较低，进而导致城市整体碳排放量的增加。

城市洪涝问题近年来受到城市规划部门广泛关注和高度重视，针对汛期洪涝灾害的风险评估和防控，以及城市适应环境变化和应对自然灾害能力等研究也成为前沿问题。现阶段，郑州市正处于城市化发展的加速时期，在以郑州市为中心的中原城市群背景下，郑州将成为中部地区发展的重点城市，经济发展在相当长的一段时间内对土地的需求将会有较大的增加，大量自然土地转化成不透水面，不透水面在短时期内大量且迅速地扩张对城市排水系统的完善和匹配程度提出了极大的挑战（马玉翎，2020）。在局部地区土地覆盖格局的变化过程中透水地表被排除在不透水面之外，不透水面的高度聚集，引起了地面渗水能力不足，雨水蓄积能力提高，极大地提升了城市内涝发生的可能性（丁安，2022）。郑州地处中原，四季分明，一年内降雨量主要集中在6月至9月，并且近5年降雨量呈现增加趋势，尤其是2021年7月20日，郑州更是遭遇了历史罕见的特大暴雨，发生了严重的洪涝灾害，郑州城区局地降雨量达500~657毫米，最大小时降雨量达120~202毫米，城区路面最大积水深度近2.36米，全市超过一半（2067个）的小区地下空间和重要公共设施受淹，给人民的生命财产和人身安全造成了极大的伤害（马建明，2022）。揭示城市绿色基础设施（林地、草地等植被覆盖的可渗透性土地）是怎样直接或者间接地影响径流效应的，明晰城市绿地在地表径流产生过程中的作用，有利于我们对土地利用类型转化和空间格局变化引起的水土环境变化进行综合研究，为未来海绵城市规划和城市雨水资源管理提供科学依据（王江坤，2021）。

郑州作为河南省的省会城市，具有人力和政策优势。郑州市近年来一直在推进“五位一体”总体布局和“四个全面”发展战略，不断提高城市经济发展的可持续性。在国家“中部崛起”重大战略部署下，郑州国家中心城市建设得到大力支持。在国家推进低碳城市建设和“双碳”目标的大背景下，郑州市在坚持低碳发展理念、推行低碳发展模式、优化土地利用结构、不断探索碳减排方式和路径方面势在必行，这也是增强城市软实力和提升城市文化吸引力的重要机遇。

1.2 城市土地利用研究基础

1.2.1 基本概念

（1）低碳

低碳是指通过降低碳排放的行为和措施，减缓全球气候变暖、提高保护环境质量和资源利用效率（付琳等，2021）。低碳中的碳主要指大气中的二氧化碳。低碳社会即指在能源来源、生产方式、生活方式、城市规划等多个方面实现低碳化，降低碳排放量和碳足迹，减轻对环境的压力和对未来的负担。从对低碳概念的理解出发，低碳可以分为本国 GDP 增速高于温室气体排放增速、绝对排放量减少和零排放三种情况。随着世界工业化发展和人口的剧增，开采、燃烧煤炭等化石能源产生的 CO_2 大量排放导致全球温室效应加剧、冰川融化加速，世界气候面临越来越严重的问题。气候危机已经严重影响到人类的生活环境和身体健康，人类的幸福指数也将因环境污染、气候变化等因素而大幅度降低。在此背景下，以提升人居环境质量和人民身体健康为目的的低碳模式与理念逐渐兴起，并衍生出一系列相关概念。低碳发展离不开政府、企业和个人的共同参与与努力。政府可以通过出台相关政策、法规，加大对新能源和能效技术的研发投入，推广可再生能源利用等途径引领低碳经济的发展；企业可以通过调整产品结构、提高能源利用效率、采用节能环保技术等方式降低碳排放并提高竞争力；个人也可以从减少能源消耗、鼓励低碳消费和生活方式等方面参与到低碳经济中。

（2）土地利用

土地利用是指人类对土地进行合理的开发和利用，以满足人类生存和发展的需要。土地利用的范围较为宽泛，既有农业、林业和畜牧业等经济性用地，也包括城市建设、工业用地、交通道路、矿产资源等非农业的利用。土地利用是伴随人类出现的产物，与人类生产、生活密切相关，不合理的土地开发和利用会导致土地资源的破坏与生态环境的恶化，加剧土地退化、水土流失和沙漠化等现象；适宜的土地利用则可以促进生态系统的恢复和改善，提高土地的生产力和资源的综合利用效益，实现经济社会和生态环境的协调发展。土地利用的发展，需要充分考虑环境保护、生态平衡和可持续发展等因素。土地利用，需要根据土地的资源特点、自然条件、社会经济要求等因素进行评价和策划，并制订合理的土地利用规划，促进资源的合理利用、劳动力的就业和经济发展，同时，还要保留一定程度的生态系统完整性。

土地利用结构是指一定范围内各种用地类型的比例或组成情况，它自然反映了社会发展的总体水平。土地开发和利用的强度随着总体发展状况的变化而变化。换句话说，土地利用模式总是处于变化之中。规划合理的土地利用结构可以提高土地利用效率，有助于整个城市经济的健康高效发展；反之，则不利于城市的快速发展。土地利用结构可分为已利用土地和未利用土地，具体可以细分为耕地、林地、草地、水地、建设用地等。在当前全球气候变暖、资源短缺、环境污染等问题日益突出的背景下，合理利用土地资源、保护生态环境已成为世界各国共同面临的重要问题，也是推动可持续发展实现的必要条件。

（3）土地利用碳收支

土地利用碳收支分为土地利用碳吸收和土地利用碳排放，即碳汇和碳源。其中，土地利用碳吸收是指林地、草地等生态用地通过植被光合作用固定大气中的二氧化碳，从而降低大气中碳浓度的过程。农田土壤也可通过保护性耕作措施、增加秸秆还田、采用轮作制度等产生碳汇。土地利用碳排放是指在人类活动和自然因素的驱动下土地类型发生转变释放的二氧化碳（许思维，2018），主要包括森林砍伐、土地垦植、城市扩张等人为活动，导致土地使用方式的变化，进而影响碳收支平衡，导致大量的碳释放到大气中。《IPCC 温室气体清单指南》将土地利用碳排放分为直接碳排放和间接碳排放两类（IPCC et al.，1996）。土地利用直接碳排放是指人类耕作、生产等直接对土地进行开发、利用的过程中产生的碳排放。土地利用间接碳排放是指人类使用化石燃料进行生产的过程中产生的碳排放。

减少碳源主要通过科学技术的创新实现减少二氧化碳排放，而增加碳汇主要借助固碳技术提高植物光合作用的效率增加二氧化碳的吸收。土地利用碳排放是全球气候变暖的一个重要原因，需要政府、公众和科技的共同努力来解决。减少土地利用碳排放不仅有利于环境保护，而且能促进经济社会的低碳发展。在各类不同的土地类型中，林地、草地等生态用地主要作为碳汇用地，植被通过光合作用吸收并且固定大气中的二氧化碳，降低大气二氧化碳的浓度；建设用地承载了人类大部分的生产、生活等活动，有大量化石燃料的燃烧，因此是最大的碳源地。

（4）低碳土地利用优化

低碳土地利用主要是指在土地利用过程中，通过保护碳汇生态用地，兼顾土地利用的高效及二氧化碳的低排放，充分发挥土地利用的碳汇效应，在实现经济效益最大化的同时，又能保证生态环境效益的土地利用方式。低碳土地利用优化的对象是各地类的数量和空间布局，以土地供需状况为出发点进行调控，以区域适宜性为标准，对土地利用进行优化调整，旨在将土地利用的结构布局分配合理。低碳土地利用优化是基于数量结构和空间布局整体调控的优化（彭文甫等，2016），其中，结构优化是指以各地类需求为基础对资源进行内部优化分配，目的是提高利用效率，实现生态效益和经济效益最大化；空间优化是指以各地类面积数量为基础，在充分考虑自然、生态和社会等驱动因素的影响下，对土地利用进行空间优化布局（袁壮壮，2021）。低碳土地利用优化需要政府、企业和公众共同参与。采取科学、可持续的土地利用方式，才能实现经济、社会和环境的协调发展，建设美丽中国。

1.2.2 研究意义

在全球气候变暖和我国经济转型的背景下，积极探索减排方案、倡导绿色低碳发展对于实现生态文明建设和高质量发展具有重要意义。土地是人类生产和生活的基础，是社会发展的重要载体，具有不可再生的特征。在碳排放的研究中，土地具有碳源和碳汇的双重作用。但其整体碳排放往往大于碳吸收，尤其是森林砍伐、土地开垦和草地改变等行为产生的碳排放量较大，导致土地已成为世界第二大碳排放源，对全球气候变化产生很大的影响（卢俊宇等，2013）。土地利用碳排放的研究可以提升土地配置的合理性，有效降低土地利用碳排放的负面效应，并进一步提高碳排放的抑制力。将低碳可持续的发展理念与土地利用相结合，能兼顾经济发展和生态建设，推动发展高效可持续的绿色经济（叶长盛等，2021）。土地的管理、利用和保护直接关系到国家经济的可持续发展与生态系统的稳定，而低碳是生态文明建设的重要目标之一（付晓阳，2021）。因此，通过深入研究土地利用碳排放，能为低碳经济和生态文明战略提供有力的支撑与科学依据。

开展低碳土地利用优化研究具有重要的理论及实践价值。

（1）理论价值

土地利用的合理规划对于经济社会的健康发展和人类生活环境的安全有着重要的影响。目前，对土地利用的探索主要有土地利用碳排放效应、低碳土地利用策略等几个方面（丁明磊等，2022），而对土地利用系统内部各地类变化的影响因素研究还不够充分（袁壮壮，2021；吴宵，2021）。本书从低碳的概念出发，以低碳经济、可持续发展、最优化、生态环境价值和土地优化理论为支撑，对城市内部绿色低碳的土地利用模式展开分析，结合相关规划要求进行针对性的优化调整，为郑州市土地利用低碳发展提出可行性建议，丰富郑州市低碳城市理论。同时，也为其他城市在建设低碳城市、优化土地资源配置等方面的研究积累经验。

（2）实践价值

作为河南省省会城市和经济、文化中心，郑州市低碳发展规划对河南省整体发展方向有着引领和示范作用。在当前国家生态文明建设和郑州市经济转型的背景下，以降碳为目的对郑州市开展土地利用结构优化研究，从土地利用碳排放的角度去考虑土地的可持续性，对实现郑州市高质量发展意义重大。对郑州市现状分析发现土地利用过程中存在的问题，合理的调整和优化有利于缓解经济发展和生态保护之间的矛盾，解决郑州市土地资源配置中的问题，实现经济又好又快发展，有利于区域经济的健康发展，对郑州市低碳城市建设具有重要的实践意义（肇禹然，2021；魏昀，2020）。

1.3 低碳生态城建设水平评价研究基础

1.3.1 基本概念

（1）低碳城市

明晰低碳城市的概念是探究其内涵的首要任务，而由于其涵盖的范围、涉及的方面较为广泛，因此低碳城市具有一定的复杂性，目前学术界对其的定义尚未形成统一，国内外专家学者对低碳城市的概念理解不尽相同。在低碳城市的已有研究中，不同学者尝试从不同角度去理解低碳城市的概念。世界自然基金会认为，低碳城市是在保障经济高速发展的前提下，追求能源和温室气体二者的排放量都处于较低水平。气候组织则提出，低碳城市应该是在城市范围内践行低碳经济的过程中，逐步实现城市碳排放降低，甚至是达到零碳排放。国内学者对低碳城市的理解呈现多元化的局面（路超君，2016）。胡鞍钢（2012）认为，低碳城市的基本单位是城市，是指在城市内推行一系列改进经济结构、生产生活方式的措施，提高人们生活品质的同时实现最大限度降低温室气体排放的目标。付允等（2008）则更强调技术创新，以清洁、绿色的生产方式革新原有高污染、高能耗的传统经济发展方式，始终严格控制城市的碳排放，促进形成节能高效的循环经济及绿色低碳的生活消费模式。鲍健强等（2008）同样注重对经济发展方式和人类生活方式的改变，但发展重心从追求经济高速发展转变为以保证生态环境质量为底线。刘志林等（2009）则认为，低碳城市发展的前提是充分保障居民的生活质量，在此基础上实现消费理念和生活方式的转变，进而构建低碳可持续发展的城市建设模式。中国科学院可持续发展战略研究组的理解更细致，希望通过实施绿色交通和绿色建筑的方式，最大限度地减少温室气体的排放，其想法对指导城市低碳建设提出了更具体的要求。

对已有研究成果进行分析，可以将低碳城市理解为以低碳的发展理念为基础，在城市的经济、社会、人文等方面进行改造和引导，通过调整和转变经济发展模式、规范和引导居民生活习惯、完善和优化管理方式等实现城市的低碳可持续发展。低碳城市发展模式具有经济性、安全性、系统性、动态性和区域性的特点，即以区域本底资源为基础、以低碳经济效益为前提、以产业低碳安全为保障、以部门系统参与为依据、以程序动态推进为抓手，实现区域低碳建设。

（2）生态城市

随着城市生态学学科的不断发展与完善，以及城市生态学理论对城市发展的引领作用，生态城市的概念也随之不断演变和更新。本书通过对生态城市现有研究进行梳理，发现国内外学者对生态城市概念内涵的理解在深度和广度上略有差异。早在1971年，生态城市的概念就首次被联合国教科文组织在“人与生物圈”计划中提出（黄光宇和陈勇，1997），此概念的提出在一定程度上标志着人类社会进入了新的阶段，人类在加强生态文明建设方面逐渐觉醒，该概念的产生对后来的城市建设有着深远的影响。20世纪80年代，苏联城市生态学家Yanitsky（1981）就认为，生态城市是一种理想化的城市；在此解读基础上，Register（1987）对生态城市概念的理解着重强调要找到人类与自然环境之间的健康平衡，促进人与自然和谐共生，同时，意识到可再生的重要性，为城市建设倡导物质循环再生埋下了种子。基于城市生态学研究的不断深入，国内专家学者不再将研究对象局限于自然生物斑块，认为城市应该是“经济—社会—自然的复合生态系统”（马世骏、王如松，1984），城市内部的各项子系统，如物质循环子系统、能量流动子系统、信息传递子系统等，应该是环环相扣、紧密联系的，其对于实现物质循环再生、能量高效利用、信息反馈调节、经济高速发展、社会稳定和谐具有极其重要的意义（沈清基等，2010；吴琼等，2005）。仇保兴（2009a）同样认为，城市是一个人工—自然复合的生态系统，但要实现其良性循环和人与自然、社会共同发展的目标，应当依托于生态技术和手段的加持。此外，基于可持续发展的理论，黄肇义和杨东援（2001）则认为，生态城市是全球或区域生态系统中分享公平、承载系统份额的可持续子系统，其强调创造具有自身人文特性的、自然与人类和谐的理想人居环境。

从城市本质角度来说，生态城市应当是依照生态文明理念，遵循生态学原则，强调经济子系统、社会子系统、自然子系统三者的协调发展，构建一个同时具备和谐性、高效性、持续性、区域性、结构合理和关系协调六大特征的人居环境。此外，生态城市建设应当基于两项标准：一方面，在以人为本的原则下，建设能满足人们物质和精神两个方面的需求，高度融合文化、景观、技术等关键要素；另一方面，通过绿色治理的方式促进城乡高质量发展，加强资源的双向流通和协同共享，打造可持续发展的城市。

（3）低碳城市与生态城市关系

低碳城市和生态城市是紧密相关、密不可分的两个概念，两者都旨在保护环境、提高居民生活质量和实现可持续发展。然而，它们还是有些不同的。低碳城市的主要目标是降低碳排放，主要强调在城市规划、建设和管理中采用低能耗、低排放、低污染的技术与方法，旨在减少城市对环境和资源的压力，降低能源消耗和碳排放，从而实现经济、社会和环境的可持续发展，其关注点在于如何减少城市居民的碳足印。为此，低碳城市采用了一系列技术手段，如能源效率改进、绿色交通、清洁能源等，减少城市碳排放。生态城市则更着重保护和提高自然环境质量，在城市规划和建设中注重生态系统的恢复和保护，通过增加绿地和水体等天然生态系统，减少城市的人工压迫，打造一个景观优美、空气清新、水质纯净、居住舒适的更健康、更人性化的城市环境，促进自然与人类的和谐发展。生态城市的建设，强调可持续发展，不会对环境造成不可逆转的影响。为此，生态城市要考虑城市的布局、绿化和水资源的利用等各方面因素，以减轻对环境的影响，提高城市生态系统的稳定性和弹性。

因此，低碳城市和生态城市的目标虽然有一些不同，但都是为了实现城市的可持续发展，并且两者的实现需要协同推进。在城市规划和建设中，可以通过采用低碳和生态双重策略，实现城市经济、社会和环境的协调发展。

（4）低碳生态城市

基于低碳城市和生态城市的概念内涵，低碳生态城市的立足点和切入点为构建一种节能减碳的生态城市，其主要理论支撑为低碳经济和生态城市的高关联、强交叉的复合型发展理念（葛朦，2012）。具体而言，低碳生态城市是指在城市建设和管理中采用低能耗、低排放、低污染的技术与方法，保护和提高自然环境质量，促进经济发展和社会进步的新型复合人居系统。其由来主要是对全球气候导致的生态问题的关注和反思，旨在通过城市规划、建设和管理等环节，实现经济、社会和环境的协调发展和可持续性。20 世纪 80 年代初，随着人们对环境问题的日益关注，低碳生态城市的概念被提出。仇保兴（2009b）在“城市发展和规划”国际会议上，将低碳经济和生态城市两个城市发展理念创新性地有机结合起来，意味着“低碳生态城市”的概念应运而生。这一新兴概念的提出，引发了社会各界的广泛关注和激烈讨论，纷纷对低碳生态城市的概念内涵给出了相应的理解。刘琰（2010）认为，低碳生态城市发展模式的中心思想是追求自然生态环境的综合平衡，最终建立的城市应当兼具节能和环保两大属性。从生态系统观来看，不少学者都认为低碳生态城市是一个复合的生态系统，只是理解的侧重点有所不同。沈清基等（2010）认为，低碳生态城市是复合的人居系统，因此其目的应当是实现“人—城市—自然环境”三者之间的协调共存。另有学者基于过程观的定义，指出低碳生态城市这一复合生态系统是涵盖自然、经济、社会三个方面的，并且在建设过程中以低碳发展为主要特征（赵国杰和郝文升，2011）。与其他学者思考角度不同的是，李迅和刘琰（2011）从低碳生态城市更深层次的理解入手，提出低碳生态城市并非“低碳”“生态”“城市”这三个词语的简单线性叠加，而是三者概念的有效融合，超越了各自本身的定义。不难发现的是，低碳生态城市的理念已经不仅仅是低碳化和生态化的简单融合，或者说具备低碳城市和生态城市的单一优势，还是努力追求达到这两种城市发展模式之间的平衡。

本书也尝试从低碳生态城市的哲学内涵、功能内涵、经济内涵、社会内涵和空间内涵的视角，进一步深化对低碳生态城市的理解（蒋文武，2018）。前四个内涵共同强调了生态化和低碳化两个方面的内容，本书综合其定义认为，低碳生态城市是通过低碳化和生态化的手段与途径，革新生产生活方式，以发展循环经济为主要导向，在城市经济实现高质量发展的同时，平衡人与自然和谐共生的关系。除此之外，社会内涵还主张社会系统中“生态文明建设”的重要性，提高全社会的生态价值意识。空间内涵则着重关注城市空间的多样性、紧凑性、复合性和共生性，要打造可持续发展的城市空间格局。

（5）低碳生态城市特征

随着中国城市化进程的加速，低碳生态城市的建设成为解决城市可持续发展问题的重要手段。低碳生态城市是一种以人为本、注重可持续发展的城市建设模式，具有以下四大特征。

其一，复合性体现在低碳生态城市的词源和内涵上。低碳生态城市概念有两层含义，即低碳和生态。低碳主要是指以低污染、低排放、高效率、高环保为标准的新型城市建设，倡导低碳经济，促进清洁能源的开发和利用，降低城市的碳排放，达到节能减排的目的；生态主要指以环境友好、资源节约、居住适宜、经济健康和可持续为目的推行城市发展，注重自然生态保护，鼓励绿色公共交通、骑行、步行等低碳出行方式，加强城市绿化和水资源的保护与利用，以保障城市的生态环境。低碳生态城市的内涵既包含通过低碳方式加强环境保护，减少对环境的负面影响，又包含“人与自然”和谐共生的关系。

其二，多样性主要是由于低碳生态城市建设涵盖了经济、社会、生态、制度等多个领域，呈现出复杂多样的特点。低碳生态城市作为一个有机体存在，具有多样性特征，比如，基因多样性、物种多样性、生态系统多样性和景观多样性等。其中，基因即低碳生态城市的资源本底，倡导城市资源的高效集约利用，通过城市用地多功能、多元化利用促进城市物种多样性的提高。生态系统多样性是指城市内部各要素之间的相互影响程度，其体现出低碳生态城市内部各要素整体性，表现出城市内部能源、交通、产业等各系统间联系更加网络化。低碳生态城市的多样性能通过增加城市各要素的整体性，促进城市整体效能提升。

其三，低碳生态城市的操作性是指通过具体的方式、方法实现低碳，即使低碳的含义更加具体、可操作。低碳的可操作性既为低碳生态城市建设提供了明确的方向，也使城市建设标准化、可量化。可操作性主要表现为城市建设的阶段性、可行性和可量化性，需要具体的规划建设方案和技术体系支撑。

其四，高效性是低碳生态城市建设的基本特征之一，表现为城市资源的高效利用、城市整体效益的高效流转，以及城市转化系统的高效运行。

城市的主要特征是人口和活动的高度聚集，这也使得城市资源的高效使用成为低碳生态城市建设的主要抓手。

1.3.2 研究意义

（1）理论意义

低碳生态城建设水平评估研究通过对低碳城市、生态城市和低碳生态城市进行概念辨析，以理论为基础支撑，对国内外相关参考指标体系的逻辑框架、指标内容进行梳理和分类，建立低碳生态城市建设评价指标要素数据库，识别数据库中的关键指标，与研究区实际情况有机结合，构建了评价郑州市低碳生态城建设水平的评价指标体系，并应用熵权 TOPSIS 模型对其建设水平进行测度。同时，从生态本底的碳收支角度出发，以“自下而上”的方式分析本书评价结果与实际情况的契合程度。本书依托传统的地理学空间模型和研究方法对郑州市低碳生态城建设水平进行地理学解释，丰富了评价城市发展阶段的视角和内容。此外，依据包含“低碳”“生态”“低碳生态”等关键词的国内外指标体系和研究案例的总结分析，深挖适用于评价郑州市低碳生态城建设水平的指标，尽可能形成一套既满足本地需求又具有地方特色的指标体系，以期为郑州低碳生态城建设提供更为客观、合理、科学的参考依据。

（2）现实意义

郑州市作为河南省省会，拥有着特殊的地理区位优势，其凭借着多元化的产业和高速发展的城市化吸引了大量人口涌入，导致城市经济发展和生态环保问题的冲突日益加剧。为持续保持郑州市的经济活力和营造良好的人居环境，厘清郑州市低碳生态城建设水平成为郑州可持续发展的关键任务。因此，本书对郑州市 2010—2020 年的低碳生态建设水平进行测度，纵向分析郑州城市低碳生态化发展趋势，并以历年各类用地面积动态变化以及碳排放量为出发点，探讨影响郑州市低碳生态城建设的因素，进而为郑州市推进低碳生态城建设提供对策建议。同时，为河南省其他地市建设低碳生态城市提供经验借鉴，有助于河南省政策制定者和实施者更好地寻求城市低碳生态建设的切入点，将低碳生态城市规划目标和建设目标具体化、实际化与阶段化，以期提高城市人居环境质量，促进经济协调发展，缓解人口和资源分配不均衡的问题。

1.4 理论基础

1.4.1 最优化理论

最优化理论是关于系统的最优设计、最优控制、最优管理问题的理论与方法，是运用数学方法研究如何在一系列约束下，选择最佳决策或方案的学科（吴宵，2021）。运用最优化理论解决问题的情况在现实生活中广泛存在，比如，企业制订生产计划、交通运输调度、金融投资决策等。最优化理论的核心思想是寻找在特定条件下最优的解决方案，以满足一组既定的目标或最大化利润。最优化是指在相关约束条件下，通过选择使设计方案能满足所期待的最优结果，通过选择做出最佳选择，使其在约束条件下能达到最优的效果。最优化方法的基本因素有目标、方案、成本、模型等。最优化问题可以分为线性规划、非线性规划、整数规划等不同形式，对应着不同的约束条件和目标函数形式。线性规划指目标函数和约束条件都是线性的问题，它们可以通过单纯形法等经典算法求解；非线性规划则需要使用更复杂的技术，比如，梯度下降法、牛顿法、遗传算法等；整数规划是针对变量必须取整数值的情况，它需要利用分支定界、割平面等算法。

土地资源具有有限性特征，通过最优化对区域内的各类土地进行合理的利用和分配，能使其实现经济、社会、生态等效益的最大化。不同地区的土地利用和空间布局存在差异，土地利用结构优化不仅能提高土地分配的合理性，而且有利于解决区域发展不平衡、不充分的问题，充分提高土地利用效率和区域发展水平。当前，在土地利用结构优化方面的研究中，研究方法主要有灰色线性规划模型、地理模拟与优化系统等。最优化理论的研究，可以为决策者提供更准确、更高效、更经济、更稳定的方案，同时，也可以帮助人们更好地分析和理解复杂的问题。最优化理论的研究不仅可以从理论层面推动科学发展，还可以为实际问题提供有效的解决方案。其在各领域中都有着广泛的应用，包括工业、金融、交通、医疗，以及人工智能等新兴技术中的优化问题。

1.4.2 可持续发展理论

20 世纪 70 年代，罗马俱乐部公开发表了《增长的极限》一文，标志着可持续发展的思想就此萌芽。全世界也就“人类是否应该继续保持现有的发展方式，若基于现有方式继续发展下去是否会给全社会带来严重的后果”这一焦点话题，展开了激烈的讨论（Chris，2007）。而后，《世界自然保护策略》的发表勾勒出了可持续发展理念的雏形和轮廓，但对可持续发展概念的第一次真正科学论述出自《我们共同的未来》，其核心内容是社会经济发展必须在生态环境的承载能力范围内，满足当今及后代人类的发展需求，也就是说，可持续概念应当既满足当代人的需求，又不对后代人满足其自身需求和发展构成威胁。因此，所谓的“可持续发展”体现了人与自然和谐相处的内在本质，反映出了系统协调、有机辩证的发展观。直到 20 世纪 90 年代初，可持续发展的思想在联合国环境与发展大会上才终于达成一致（Kellett et al.，2013）。在此之后，可持续发展理念成为指导人类社会发展的重要思想，逐步改变了人们的价值观和方法观，有了把长远问题和近期问题结合起来考虑的意识，与此同时，逐步尝试制定相应的资源利用技术、方法准则及管理原则。

可持续发展是以生态可持续发展为基础，以经济可持续发展为条件，实现社会可持续发展的目标。平衡生态可持续与经济可持续的整体方针，在生态可持续的前提下发展经济，不断转变经济发展模式，以循环经济为抓手，摒弃以资源损耗换取经济发展的粗放模式，不断提高资源利用效率，做到经济效益与生态效益相结合。坚持走可持续发展道路，不仅有利于生态环境保护，改善人居环境造福后代，而且有利于转变经济社会发展模式，促进企业主动转型创新，实现经济发展的“低消耗、低排放、低污染”，探索出一条可持续发展的新型道路。

土地可持续利用理论衍生于可持续发展理论，是可持续发展理论的延伸和细化。土地可持续利用指出当代人要为下一代考虑，确保土地资源的可持续利用（Junfang et al.，2022）。土地是不可再生资源，通过对土地进行合理的配置和使用，不仅能提高土地的使用效率，而且能实现土地的永续利用。土地可持续利用有两层含义：一是要确保经济发展和土地发展两手抓，将经济发展与土地可持续相结合；二是要确保土地利用的高效合理，将土地利用的价值发挥到最大。土地既是人类赖以生存的基本条件，也是经济社会发展的重要保障，不能以土地资源为代价盲目追求经济的高速发展。通过转变发展模式、拒绝粗放式的土地使用、调整城市土地结构、杜绝盲目城市扩张等方式，推行土地的可持续利用发展模式，促进经济社会的健康发展，也为我们的后代留下可供选择的资源遗产。

低碳生态城市的一个重要特征是可持续发展，低碳生态城市建设的目标之一也是要实现城市的可持续发展，因而可持续发展既是低碳生态城市的基本属性，也是低碳生态城市的发展本质。低碳生态城市模式是一种崭新的城市发展模式，是可持续发展理论在城市发展领域的应用，是为治愈各种“城市病”而努力寻求的一种现代化城市发展模式。可持续发展是国家政府的行为，是决策者的社会责任，也是所有利益联合体共同努力的结果。因此，在我国政府的宏观调控下，必须凝聚各微观部分的力量，形成多方合力，才有可能实现可持续发展，探索出一条适合中国国情的可持续发展之路。

1.4.3 生态文明理论

生态文明理论是基于生态本体论和生态价值论提出的先进思想理论，而中国由于国情的特殊性，必须依据现实国情，充分结合自身特色，提出并构建兼具生态本体论和生态价值论的具有中国形态的生态文明理论（An et al.，2018）。可持续发展、科学发展观、生态文明建设以及“五位一体”总体布局等思想的提出，代表着中国特色社会主义生态文明理论不断形成、不断丰富、不断发展。中国特色社会主义生态文明理论创造性地把马克思主义经典理论与中国特色社会主义实践相结合，是以科学发展观为统领，以建设美丽中国为目标，实现人—社会—自然复合生态系统和谐发展、共荣共生的社会文明形态，其最终目的是实现中华民族永续发展（Tan et al.，2017）。生态文明建设是破解城市资源浪费普遍、环境破坏严重、生活方式趋同和日渐机械化、工具化等难题的根本路径，但其构建的基本前提是必须正视和回应如何理性认识与科学检验“社会主义生态文明”的目标指向及实践追求，必须充分认识到“绿水青山”和“金山银山”是辩证统一的关系，是一种高质量的内涵式发展。

低碳生态城市建设是生态文明城市建设这项长期性、系统性巨大工程的一个过渡性阶段，是建设生态文明城市的核心内容和重要抓手，是生态文明城市的具体实现路径。建设低碳生态城市是建设中国特色社会主义生态文明的关键一环，因此，二者都应对诸多制约因素予以理性认识，对现实契机予以深刻正视，积极迎接挑战，充分抓住机遇，坚定“四个自信”，发挥科技创新与文化创新等优势，建设“美丽中国”和“绿色中国”，把“生态大国”转变成“生态强国”。

1.4.4 土地优化机理

土地资源是不可再生资源，是涵盖社会、经济及生态的综合系统，具有有限性特征。在经济社会快速发展、城市化率不断提升、城市扩张逐渐加剧的背景下，土地多被不合理地分配和使用，导致土地资源的低效浪费。土地优化配置衍生于可持续发展理论，指通过科学的管理和先进的技术，优化土地结构，使土地资源合理分配和布局（王之玉，2019）。土地优化机理主要包括土地评估、用地类型划分、建筑设计、标准化建设、环境保护及土地资源配置等。土地优化是一个科学的系统工程，需要综合考虑各种因素，从而实现土地的最大价值提升和最优效益。

土地优化通过土地类型数量优化和土地结构空间布局优化，提升各类土地的利用效率和经济效益，有效解决各种土地利用的矛盾问题，确保实现土地资源的效益最大化和可持续利用。土地利用结构优化是指通过科学技术突破区域中技术、环境、政策等各种限制因素，探寻最适合的方法以谋求土地资源的最优化配置，从而达到社会、经济和生态的最优目标，充分发挥资源优势。在土地优化过程中，对不同地区的研究需要考虑不同的因素，优化的自然要求也存在各种各样的限制条件。在土地利用优化过程中，应注意土地利用的集约高效以及综合协调。优化是基于这些因素和限制条件探寻最适用的土地优化配置方案，充分提升土地的利用效率，增加土地资源的综合效益。

1.4.5 城市生态学理论

城市生态学形成于20世纪70年代，历经了萌芽、兴起与分化、发展、实践4个阶段。城市生态学为解决环境污染严重、资源短缺、身心健康受损、气候不稳定等问题提供了新的发展思路和发展路径，实现了人口、资源与环境的相协调和可持续。城市生态学理论认为，城市生态系统与自然生态系统相比，具有其自身的特点，比如，以人为主体，系统内部能量流、物质流和信息流容量大、运转快，各层次子系统相互联系构成有机整体（Ecology Research Functional Ecology，2018）。此外，城市生态系统是一个具有特殊性的复合人工生态系统，是对可持续发展原理的社会应用，是生态学原理在城市建设发展过程中的具体体现，其目标是努力把城市打造成为一个注重经济建设、社会文化建设和环境建设的和谐共生体（沈清基、王玲慧，2018）。

城市生态学理论的自身特征和运行机理，为低碳生态城市建设提供了许多经验借鉴，主要表现在以下三个方面：首先，低碳生态城市建设要依据城市生态系统的内部结构，把握好系统性和整体性原则，将各子系统等城市组成要素综合起来，注意各子系统之间及子系统内部的作用关系；其次，根据城市生态系统的动力学机制，低碳生态城市建设要充分关注各种生态流，关注自然生态子系统、人类生态子系统与社会（经济）生态子系统相互之间的物质流动、能量流动和信息流动，也就是通过人流、物流、能流的有效转化和合理利用，实现资源的节约和避免重复及浪费；最后，低碳生态城市建设要根据城市生态系统的人与自然协调统一原理，秉持“以人为本”的原则，以满足人的物质需求和精神需求为宗旨，既要让人顺应自然，主动利用环境、改善环境，又要让环境服务于人，人和城市自然环境、社会环境相互依赖、相互适应、相互促进，形成一个有机整体。

1.4.6 城市生态经济学理论

城市生态经济学是生态经济学的一个分支，其主要研究目的是寻求一条能解决城市生态环境与经济日益增长之间矛盾关系的现实道路，最终实现城市经济模型与生态环境协调发展的新兴交叉学科（Zvirgzdinš et al.，2018）。生态经济学萌发于古典经济学的理论和研究，诸如经济增长和资源限制的共生关系等朴素观点。20 世纪 20 年代，有专家学者研究群落和社会，提出了生态学视角的解读；直到 60 年代末，《一门新兴科学——生态经济学》的发表标志着生态经济学作为一门交叉学科正式问世。生态经济学学科的形成，对解决城市内部的复杂问题提供了新思路，也揭示了经济和生态的内在规律是辩证统一的，城市经济建设和生态保护是并行不悖的。

城市生态经济学理论在低碳生态城市建设过程中的应用生动诠释了其现实意义。低碳发展在一定程度上看似阻碍了工业的进程，与经济发展形成了对冲，但事实上是追求可持续发展的一种长效机制。生态经济学不仅满足了低碳发展的需要，而且稳定了经济的“压舱石”作用，以一种更综合、更有效、更科学的城市发展模式为低碳城市建设提供新的视角和新的路径。城市生态学理论在将城市人口、经济发展、资源能耗和生态环境等相结合的基础上，以经济学视角研究城市的生态经济系统，探索城市经济系统与生态系统之间的复杂关系，解释二者之间的协调发展规律，从而在整体上提高城市的经济和社会效益。

1.4.7 循环经济理论

循环经济是指基于“减量化、再使用、资源化”等原则，革新原有“大量产出、大量消耗、大量废弃”的传统增长模式，以符合可持续发展理念的经济增长模式，实现废物排放最小化、资源利用效率最大化、环境负荷最小化的绿色发展模式（Veleva and Bodkin，2018）。Boudling（1996）用“循环其废物”和“循环流”阐述了人类的生存能力对人与环境生态系统共生关系的依赖性，循环经济的思想由此应运而生。当人类社会进入工业化中后期后，创新型绿色循环经济体系强调，依赖资源消耗的线性增长经济体系难以为继，亟须向依赖生态资源循环发展的方向转变（Franco，2017）。循环经济作为一种新的经济形态，其特征在于它是节约型经济和环境保护型经济。同时，循环经济也是一种新的生产方式，它运用生态学规律和经济规律指导人类社会的生产、生活，以“资源—产品—再生资源”的新思维贯穿生产到消费的各领域，通过物质转换和物质平衡来极大减少经济系统的输入与输出，不断提高物质在经济系统中的利用效率，最终从根本上减少物质投入和污染物排放，消除长期以来环境与发展之间的尖锐冲突。

发展循环经济是我国经济社会发展的一项重大战略国策，低碳生态城市建设是落实循环经济战略的重要载体。其要求是在城市范围内，通过将人、自然、社会等要素，根据自然生态系统的“生产—消费—分解”原理进行合理安排与科学运转，构建“资源—产品—再生资源”的物质循环过程，以实现人类子系统、自然子系统与社会子系统之间物质能量的有序流通和重复利用，从而实现整个经济社会系统的自适应性与自洽性。

1.4.8 低碳经济理论

随着全球城市加速扩张、人口迅速膨胀、温室效应不断加剧，以资源消耗为主的经济发展模式引发的一系列生态恶化的后果逐渐显现。在城市工业化进程中，大量化石燃料燃烧产生的二氧化碳等温室气体排放显著升高，环境问题对人类生活环境和身体健康造成极大威胁。低碳经济理论是在全球气候逐渐恶化的大背景下兴起发展的，其继承了可持续发展理论的核心观点，认为人类发展要考虑到碳排放的问题。低碳经济理论是指通过改变能源使用、工业结构、生产方式及消费习惯等，实现对二氧化碳等温室气体排放的控制，以此实现经济发展的可持续化（周健等，2023）。低碳经济理论主张在减少温室气体排放的同时，兼顾经济效益和社会效益，在促进经济发展的同时保护环境资源，实现经济繁荣和生态平衡。低碳经济既是一种经济发展方式，也是一种政治博弈。低碳发展是每个国家为全球生态建设要负的责任，低碳经济理论是实现人与自然和谐共生的理论基础。

低碳经济理论的核心观点是：更加高效、清洁和多样化的能源结构、生产布局和生活方式是实现经济高质量发展的必要条件（乔清亮，2021）。低碳经济理论提出了一系列政策和措施，包括加强对新能源技术研发的支持、推广可再生能源、提高能源利用效率、鼓励低碳生产方式、推动绿色交通、节能减排等，以减少温室气体排放和提高经济效益。低碳经济的实质是通过制度、技术等相关手段，即节能减排技术创新、产业结构转型升级、政策制度引导等手段，将温室气体的排放量降到最低，达到经济社会与生态保护双赢目标的一种经济发展形态，使整个经济社会、生态利益相统一，促使全球生态平衡。笔者认为，低碳经济包含两个层面的含义：一是通过相关产业的转型升级与经济发展模式的调整和改革，将低碳生活、低碳发展的观念深入群众心中，提升人们的低碳意识，减少二氧化碳等温室气体的排放；二是通过合理优化土地利用数量和空间布局，使各类土地能实现经济效益和生态效益的整体提升，提高土地的碳汇效率，实现清洁绿色发展的目标（赵伟，2018）。

1.4.9 生态环境价值理论

生态环境价值理论是一种经济学理论，它认为生态环境是能提供不可替代的服务和资源的（王之玉，2019）。这些服务和资源包括空气、水、土壤、野生动植物、景观等，它们对人类的日常生活和经济发展有着至关重要的影响。生态环境价值是构建在效用价值理论基础之上的。其中，价值是此理论的核心，效用是价值的源泉。价值是指能保证人们生活、成长和享受的所有资源，环境是指保证人们能生活、成长和享受的外在资源。随着经济社会的快速发展和城市扩张的加剧，环境对人类生产和生活的影响越来越大。生态环境的价值也随着人们生活品质的提升而越来越高。过去人类盲目追求经济效益，忽视了对环境的保护，粗放式的发展模式导致生态环境遭到严重的破坏，威胁到人们的生活环境和身体健康，生态环境价值在此背景下逐渐被人们熟知。

生态环境价值是一个相对抽象的概念，其主要表现在生态系统的服务功能上，通过土壤、植物、水等自然资源产生生态效益，进而实现生态环境价值。生态环境价值理论认为，生态环境是一种超越市场交换的资源，它的价值不仅仅限于市场价格，还包括生态系统稳定性、生物多样性、自然景观、文化价值等方面的价值。因此，在经济活动中，不能只考虑市场价格，也要充分考虑生态环境的价值，这样才能实现可持续发展。生态系统中的各种物质是处于循环发展中的，生物通过吸收其他物质产生能量，又通过分解排放出其他物质，进而实现生态循环。生态环境价值也在此循环中得到实现。人类生产和生活的方方面面都会产生碳排放，所排放的温室气体会进入生态系统的碳循环过程中，通过森林、草地等植被的光合作用将空气中的二氧化碳固定，减少大气中的碳含量。生态环境价值理论的出现极大地促进了人们对生态环境价值的认识，对于生态环境保护和治理工作起到了积极的推动作用。

第2章

城市土地利用变化研究进展与评价方法

2.1 城市土地利用研究进展

2.1.1 土地利用碳排放机理研究

土地利用碳排放机理是指人类活动对土地利用产生的影响，如农业、林业、畜牧业、城市化等，都会影响土地利用和覆盖变化，进而影响土壤有机质含量、植物生物量和土壤呼吸等因素，最终影响土地碳储量和碳排放。目前，土地利用碳排放机理的研究主要集中在土壤有机碳分解释放机制、土地利用变化对植被生态系统碳负荷的影响、土地利用碳交错效应等方面。当前研究表明，气候、土壤特性、植被类型和水文条件等因素都能影响土壤有机碳分解过程，进而对土地利用碳排放产生一定影响。土地利用变化不仅会影响土壤有机碳的释放，还会直接或间接地影响植被生态系统碳负荷。土地利用碳交错效应是指土地利用变化导致的生态系统碳的净增量或减量与土地利用前后的生态系统碳变化之间的差异。目前研究表明，土地利用碳交错效应受土地利用类型、区域和前期生态系统碳状态等因素影响较大。土地利用碳排放机理研究对于提高碳排放调控和管理能力、指导碳排放减缓等具有重要意义。

不同的土地利用方式和人类活动对土地碳循环的影响是很复杂的。要实现有效的碳减排，就需要通过各种措施，如改善土地利用方式、优化农业管理、推广低碳城市化等，降低碳排放和增强土地的碳吸收能力。当前研究主要将土地利用碳排放机理分为人类活动和自然干扰两种引起土地利用变化的因素（Campbell et al.，2000）。前者主要指城市扩张和工业化发展、产业结构调整、科学技术发展等对土地利用碳排放的影响；后者主要与植物呼吸作用、光合作用、腐烂分解等有关，指生态环境中受温度、湿度等自然条件影响带来的差异性（Houghton，2002）。对于土地利用碳排放国内也开展了一定的研究，陶波等（2001）研究发现，不同的碳排放核算方法得出的结果存在差距，并深入探讨了影响碳储量变化的因素；曲福田等（2011）通过对碳循环内部机理影响因素的研究，将土地利用碳排放进行了重新定义。

2.1.2 土地利用碳排放测算研究现状

土地利用碳排放测算主要指以一定的指标系数为基础，对各土地利用类型及人类生产活动等进行量化，以评估它们对大气中碳排放的贡献。目前，国内外学者已经开展了大量相关研究，并取得了一定的成果。在欧洲、非洲等地有不少学者对土地利用碳排放进行了研究，评估不同的人类活动对全球气候变化的影响。N. Rmal 等测算了巴西的碳排放量，并提出生态系统和生产方式等对碳排放的影响（赖力，2010；刘海龙，2005）。国内学者针对不同的土地利用类型及人类活动，如农业、林业、畜牧业、城市化等，开展了大量的碳排放测算研究。徐州大学农业资源与环境研究所开展了全国农业碳排放研究，测算了我国农业活动对大气中碳排放的贡献。此外，中国科学院等也启动很多土地利用碳排放的相关研究，以评估各种人类活动对土地碳汇能力的影响。杨青林等（2018）从碳排放量与碳排放强度的差异性入手，依据聚类分析法将中国 285 个城市归为四类区域，并分析每个区域的特点和不同；方精云等（2010）分析了生物量和土壤两类碳库的差异性，并对其影响因素进行对比分析；胡国霞等（2015）以黑龙江省为研究区，分别对其 13 个地级市进行差异分析，并提出建设用地面积的扩张是影响其碳排放强度的主要因素；袁霄、倪九派和谢德体（2021）利用土地遥感数据，对重庆市各区县近 18 年的土地碳排放强度进行测算，并分析了各单元土地利用碳排放的空间演变特征。刘贤赵等（2018）通过对全国各省份碳排放强度研究，提出各省份特征分布为“低—低集聚效应”和“高—高集聚效应”。

在当前研究中，碳排放测算方法主要有温室气体清单法、实测法、物料衡算法、碳排放监测方法与生命周期分析等（Hutyra et al.，2011；崔亚芳，2019）。Houghton 教授（2012）研究的“薄记”模型较为典型，对后期土地利用碳排放的发展影响深远。张梅等（2019）借助土地利用遥感数据对全国碳排放进行核算。方精云等（2007）利用中国森林清查数据，对森林植被碳储量进行计算。赵荣钦等（2013）构建了一套完整的能源消费碳排放模型，并以江苏省为例开展碳排放测算研究。总的来说，土地利用碳排放测算研究已经成为当前环境保护和气候变化研究领域的重要方向，其研究对象、技术手段、研究方法等都在不断改进和完善，以更好地揭示人类活动对大气中碳排放的贡献。

2.1.3 低碳土地利用结构优化研究进展

低碳土地利用结构优化研究是指依赖土地利用结构的优化调整，降低人类活动对土地碳排放的影响，实现经济社会绿色低碳发展的研究。当前，关于土地利用碳排放优化的研究主要包括农业生态系统的碳循环、城市化、林业生态系统的碳循环等对土地利用碳排放的影响及可再生能源的开发与利用等方面。研究指出，低碳模式下土地利用结构优化的碳减排效果高于碳政策，充分体现了合理配置土地利用结构对于控制碳排放的重要影响（曾永年、王慧敏，2015）。探索土地利用碳排放优化模式还面临诸多挑战和困难。首先，土地利用方式的多样性。由于不同地区、不同地类有着不同的功能和生态属性，因此在碳排放优化研究中，需要考虑到土地利用方式的多样性和差异性，针对性地制订优化方案。其次，目前国际上缺乏有效合作机制，对土地利用碳排放优化的研究效果和国际合作都造成阻碍。再次，缺乏完善的监测体系，土地利用碳排放机理复杂，需要建立完善的高质量监测和评估机制，才能更好地把握相关信息和数据。最后，平衡经济效益和环境保护较为困难，土地利用优化往往牵扯很多利益关系，需要在维护经济利益和社会发展的基础上，平衡环境责任。

本书通过整理分析现有研究成果发现，土地利用变化预测的模型方法很多，其中，数量预测方法主要有线性规划、灰色预测模型、多目标规划、遗传算法、模糊综合评价、马尔科夫模型等（殷少美等，2006；Zhou et al.，2019；刘慧灵等，2017；苏维词、易武英，2014）。在进行中短期土地利用数量预测时通常使用灰色预测模型；相比之下，多目标线性规划的使用范围和研究内容较为全面与多元，即通过多目标线性限制因素，对土地利用变化进行限制约束，使其能朝着合理的规划方向进行发展；马尔科夫模型的应用最广泛，其预测方法更为简单。在空间模拟预测上，主要有CA-Markov模型、CLUS模型、PLUS模型、FLUS（Future Land Use Simulation）模型等，模型的机理主要是依据土地利用结构数量的预测，将各地类在空间布局上进行合理规划（何梦男，2018）。其中，CLUS模型主要依赖转换概率对不同地类进行空间分配，通过选取不同的驱动因子，对不同地类之间的转换难度进行设定，以实现区域土地利用的合理分配（Verburg et al.，2005）。FLUS模型是在元胞自动机模型基础上进行优化的产物，其模拟预测精度相对较高，FLUS模型内部包括神经网络分析、CA

分析、Kappa 系数和 FOM 系数检验、马尔科夫链等，能实现对土地利用多情景的模拟（Liu et al.，2017）。FLUS 模型由于具有精度高、操作简单、模拟效果好等优势，并且充分融入了人类影响因素，成为当前研究土地利用模拟预测的主要模型。

2.1.4 研究评述

通过对现有研究成果的整理分析发现，学界在土地利用碳排放及低碳优化等方面已开展深入研究，但仍然存在一些不足。

首先，多数研究中对土地利用碳收支的核算缺乏针对性。目前土地利用优化研究中，对不同地类进行碳排放核算多选取系数法，对不同地类选取碳排放系数和碳吸收系数，缺乏对各地类碳收支特性的考量，往往导致结果误差较大。且对于耕地是碳源还是碳汇的研究存在较大分歧，在以往土地利用低碳优化的研究中，更多的学者并未进行深入探讨，直接将其归类为碳源，存在一定的不科学性（谭美秋等，2022）。

其次，土地利用碳排放核算单元的选取缺乏全面性。通过整理分析已有研究发现，在以往土地利用碳排放研究中，通常将能源碳排放等同于建设用地碳排放，但在现实中建设用地的碳排放来源较为多元，人类呼吸、植物光合作用及其他碳排放往往被忽视，导致计算结果与实际出入较大。

最后，当前研究多聚焦于经济视角，考虑分析往往不全面。不同区域碳排放量受经济发展水平、自然地理条件、区位特点和相关政策管理等多方面影响，当前对土地利用碳排放的研究主要以经济发展和生态建设为驱动，考虑的驱动因子较为单一，对于复杂土地利用变化的分析缺乏全面性。

2.2 城市土地利用变化评价方法模型

2.2.1 土地利用转移矩阵

土地利用转移矩阵是指根据地理信息系统（GIS）等工具，对于研究区域在不同时期土地利用类型的变化情况进行统计、分析和总结，形成一个矩阵表格，以便研究人员对土地利用变化的规律进行分析（张建国等，2018）。土地利用转移矩阵也是马尔科夫模型在土地利用变化方面的应用。利用马尔科夫链不仅可以精确地计算出各土地利用类型之间相互转化的情况，而且可以揭示不同土地利用类型间的转移速率，还可以通过计算得到各土地利用类型之间的转移率。土地利用转移矩阵来源于系统分析对系统状态转移的定量描述。在通常的土地利用转移矩阵中，行表示 T_1 时间点土地利用类型，列表示 T_2 时间点土地利用类型（见表 2-1）。A_1，A_2，…，A_n 表示不同土地类型，A_{12}表示 A_1 土地利用类型转化为 A_2 土地类型的面积（袁霄等，2021）。土地利用转移矩阵作为空间分析的一种方法，可以帮助我们更好地认识土地利用变化趋势，并提出相应的管理和规划建议，有助于实现可持续发展目标。

表 2-1 土地利用转移矩阵

项目	T_2			
T_1	A_1	…	A_n	
	A_1	A_{11}	…	A_{1n}
	…	…	…	…
	A_n	A_{n1}	…	A_{nn}

2.2.2 土地利用动态度

土地利用动态度是指各地类面积在研究期内的变化程度，通常结合土地利用变化矩阵和转移概率矩阵来描述。其反映了用地类型面积变化的剧烈程度和速率，包括新增、撤除、扩大和缩小等现象。土地利用动态度可以通过遥感技术和 GIS 等工具进行分析与研究，通过对不同阶段的土地利用数据进行比较分析，研究各地类的变化趋势和影响因素（程建等，2017）。土地利用动态度是评价土地资源可持续利用能力的重要指标之一，对于实现可持续发展目标具有重要作用（魏媛、简小玉，2022）。本书通过动态度研究对郑州市各土地利用类型面积的变化进行动态分析，数值越大，表明该类土地的面积变化幅度越大，范围内的活跃度也就越高（黎永康等，2022）。单一土地利用动态度的计算如下：

$$K=\frac{U_b-U_a}{U_a}\times\frac{1}{T}\times100\% \tag{2-1}$$

式中，K 表示某种土地利用类型在研究时间段内的动态度，U_a 表示研究初期某种土地利用类型的数量，U_b 表示末期的数量，T 表示以年为单位的时间间隔。

2.3 城市土地利用变化模拟预测

2.3.1 马尔科夫模型

马尔科夫链表示一种状态序列，其各状态值均取决于前面有限个状态。土地利用低碳优化研究通过马尔科夫链进行未来像元的数量设定，对未来各类土地利用数量进行预测（裴亮等，2017）。马尔科夫模型以当前状态为基础，预测未来状态条件概率也只源于当前状态，与过去状态无关。该方法由状态、状态转移概率矩阵和初始状态分布三个要素组成，具有稳定性及无后效性的特性。其通过两期土地利用数据分析各类土地利用的转移矩阵，利用区域内土地利用变化对未来土地利用数量结果进行稳定的预测（陶春琛等，2022）。马尔科夫链具有简单、直观、易于理解等特点，因此被广泛应用于自然科学、社会科学、工程技术等领域（殷少美等，2006）。具体表达式如下：

$$S_{t+1}+P_{ij}=S_i \tag{2-2}$$

式中，S_i 表示 t 时刻土地利用的状态，S_{t+1} 表示 $t+1$ 时刻土地利用的状态，P_{ij} 表示土地利用类型 i 转变为土地利用类型 j 的概率，公式如下：

$$P_{ij}=\begin{bmatrix} P_{11} & \cdots & P_{1n} \\ \vdots & \ddots & \vdots \\ P_{n1} & \cdots & P_{mn} \end{bmatrix} \tag{2-3}$$

$$P_{ij} \in [0,\ 1) \text{ 且} \sum_{n=1}^{n} P_{ij} = 1(i,\ j=1,\ 2,\ \cdots,\ n)$$

2. 3. 2　FLUS 模型

FLUS 模型是地理模拟与优化系统 GeoSOS 的继承和创新，能模拟自然因素和人为因素影响下土地利用类型变化，预测未来情景（王保盛等，2019）。FLUS 模型利用马尔科夫链和空间交互作用的快速大尺度城市模拟方法，旨在实现复杂城市系统的分析和预测（任胤铭等，2023）。FLUS 模型可以应用于城市发展、土地利用、交通规划等领域，以支持决策制定和政策评估。FLUS 模型首先基于人工神经网络模拟算法（ANN）对土地利用数据和选取的相关驱动因子数据的运算，得出各用地类型的发展概率；其次将发展概率与领域因子、自适应惯性系数和转换成本结合，得出元胞的总体转换概率；最后通过轮盘竞争机制模拟出未来情景。FLUS 模型与其他模型的重要区别在于轮盘赌机制，其能反映各种土地利用之间转换的不确定性和复杂性（王芳莉，2020）。FLUS 模型具有计算速度快、精度高、可扩展性强、数据要求低等特点，可以处理大规模的城市数据和行为模式，提供真实且高精度的城市模拟结果。FLUS 模型已被广泛应用于中国和其他国家城市的规划与管理中，成为城市可持续发展的重要工具。土地利用低碳优化研究通过 FLUS 模型对郑州市未来土地利用进行优化模拟，在 Markov 模型对未来土地数量预测结果的基础上，通过高程、坡度、坡向、交通等多种驱动因素影响，利用 FLUS 模型优化调整未来郑州市土地利用。

第3章

低碳生态城研究进展与评价方法模型

3.1 低碳生态城研究进展

3.1.1 国外研究现状

在构建低碳生态城市发展水平指标体系和实证分析时，国外的指标体系研究主体大多聚焦低碳、生态、可持续等，对低碳生态的指标体系探究相对较少，但对于我国低碳生态城市的建设仍然具有许多可学习和借鉴之处。通过“Low carbon Eco-city”一词检索相关数据库，可发现近些年该研究相关论文逐渐增多，我国学者的研究占比较大，因此，对国外学者的研究，以探索低碳城市相关的评价研究为主。Sovacool 等（2009）基于对全球 12 个典型大都市的初步低碳评估，阐述了城市降低碳排放的具体做法。随着研究空间尺度的逐步细化，城市个体层面成为研究的热点。Chris（2007）从家庭消费这一独特视角出发，通过测算居民日常家庭生活消耗的化石能源数量，得到了居民日常生活支出的二氧化碳排放当量数。Kellett（2013）在研究社区碳排放核算时，通过建立模型对城市尺度的碳循环进行了模拟和计算，最后指出技术革新可以降低碳排放量，而遥感等方式能对城市建设过程中的碳排放实施监测和模拟，为低碳城市建设提供了新思路。在实证分析方面，An（2018）以城市土地利用和交通出行等为研究重心，不仅构建了评价指标体系，还应用空间模型进行了实证研究。

Tan 等（2017）建立的低碳城市评估指标框架涵盖内容较为丰富，包括经济发展、能源模式、社会和生活、碳与环境、城市交通、固体废物和水等多个方面，并采用熵权因子法对全球 10 个城市进行了综合评价与排序。

3.1.2 国内研究现状

国内学者在进行低碳生态城市研究时，构建评价指标体系，以及依据方法模型的实证分析大多是同时进行的，且不同学者研究的具体要素各有侧重。刘竹等（2011）以“脱钩”理论为切入点，通过经济发展、环境优化等多项要素，计算了沈阳市的“脱钩”系数，并基于研究结果对沈阳市的低碳发展趋势做出综合评价。关海玲和孙玉军（2012）构建了经济社会生态、资源利用生态、环境保护生态、人文宜居生态四维目标的低碳生态城市评价指标体系，并运用因子分析法对我国 31 个省份在 2009 年和 2010 年的低碳城市建设水平进行了比较评价。同样将尺度聚焦到省域的研究有：杜慧滨等（2013）基于空间经济学视角，对我国 29 个省份碳排放绩效的空间分布特征进行了空间计量经济分析，其依托的方法模型是空间自相关 Moran 指数与面板数据的有机结合。研究视角更具体化、更细致的研究有：尹文超等（2014）聚焦低碳生态城市建设过程中对水资源的利用和对水环境的保护。为更好地促进城市交通的发展，有学者构建了面向低碳生态城市的综合交通评价指标体系（贾健民，2013）；此外，在公众认知和公众参与领域，毛洪伟等（2012）通过对公众认知情况进行系统研究和客观分析，发现影响低碳生态城市建设的重要环节为进行城市社区现有建筑的绿色改造。

笔者通过对现有研究成果进行梳理总结，发现常用的评价方法模型主要是依据指标的属性来分类的，主要指标研究法适用于指标体系单一、指标较为突出或重要的研究，而复合指标研究法适用于指标数量较多且指标体系较为复杂的研究。对于前者，学者多选用代表性强且较易获得的相关指标数据对城市低碳生态建设水平进行测度，比较典型的方法有主成分分析、数据包络分析等。与此同时，也有学者依据低碳生态城市建设的延伸意义，选择符合其逻辑框架的多种测量指标，基于因子分析、灰色关联度分析等方法的综合分析结果，结合层析分析法或熵权法等研究方法确定各指标的权重，从而建立起更具系统性、综合性的评价指标体系和评价函数，为客观科学评价低碳生态城市建设水平进行实证研究。

3.1.3 研究评述

通过已有研究对低碳城市、生态城市和低碳生态城市的概念理解，本书总结郑州市低碳生态城的内涵为：城市化以可持续发展为着眼点，其根本目的是减少碳排放量、优化生态环境，从而提升人居环境质量、重塑生态价值观，通过技术创新实现人与自然和谐共生的良好局面。

总体而言，由于我国国情的独特性，城市化必须是低碳生态的有机组合，对于低碳化和生态化评估必须充分结合我国城市发展的实际情况。随着低碳生态城市发展各项具体技术研究的不断深入，一些低碳生态试点城市也在不同城市建设层面践行低碳思想，并取得了一定成果。但对非试点城市来说，如何客观评价城市低碳生态化程度、检验低碳生态规划和建设的实施成果、量化评价机制等方面尚待深入研究。同时，低碳生态城市建设的过程中缺少一个普适性强的、综合度高的、易于推广的技术体系。关键是缺乏一种机制，这种机制有助于人们在低碳生态城市发展的技术体系问题上形成共识，并且能在顶层设计方面产生出集成、协同的政策体系，从而把技术体系中的各项技术集成、协同地进行推广应用。

3.2 指标体系框架设计

3.2.1 属性数据

本书统计了郑州市2010—2020年40个指标的数据，数据来源于《中国环境统计年鉴》（2011—2021）、《中国城市建设统计年鉴》（2011—2021）、《中国城市统计年鉴》（2011—2021）、《河南统计年鉴》（2011—2021）、《郑州统计年鉴》（2011—2021）、二氧化碳排放面板数据，以及郑州生态环境局官网。针对其中个别指标在年份上有缺失的情况，采用插值法进行补全。耕地碳排放量计算过程中涉及的各类农作物产量、农用物资消耗量以及翻耕面积、机耕面积等数据来源于《郑州统计年鉴》（2011—2021）；各类能源碳排放系数来源于IPCC《2006年IPCC国家温室气体清单指南》，各能源折算标准煤系数来源于《中国能源统计年鉴》（2011—2021）。

3.2.2 空间数据

本书所需2010—2020年的土地利用数据为武汉大学杨杰和黄昕教授团队在GEE平台上制作的第一个源自Landsat的30米年度中国土地覆盖数据集（CLCD），经ArcGIS10.3软件进行空间分析处理后，将原始数据中七类用地（耕地、林地、灌木、草地、水域、未利用地及建设用地）重分类为六类用地，即耕地、林地、草地、水域、未利用地和建设用地。

3.2.3 框架设计

“压力—状态—响应”（PSR）模型（魏竞超等，2023）是用于研究环境问题的框架体系，压力、状态和响应三个部分相互确定研究时期内的环境状态与变化情况。其中，压力指标反映了人类经济和社会活动对环境的作用，状态指标反映了环境现状和动态变化，响应指标则指出了社会和个人如何采取行动来减轻、防止与恢复已经造成的环境影响。PSR 模型在可持续发展指标体系研究、水资源、土地资源、农业可持续发展评价指标体系构建以及环境保护投资分析等领域得到广泛应用，并受到很多国内外学者的推崇。然而，在应用方面，PSR 模型也存在一些弊病，尤其是在对一些基本的环境指标进行细分时很难做到进一步细化。20 世纪 90 年代末，“驱动力—状态—响应”（DFSR）模型（张秀娟、周立华，2012）将 PSR 模型中的压力替换为驱动力，扩展得到了新的版本，其目的是适应经济、社会、制度等新指标的加入，形成一个能反映可持续发展各项动态特征的有机指标体系，但其本质并没有跳出 PSR 模型对于指标类型的设计，二者均从三个方面评价环境绩效，在人类活动和自然生态方面涉及不足，全面性和代表性受到质疑。

然而，1993 年，由亚太经合组织（OECD）提出的“驱动力—压力—状态—影响—响应”（DPSIR）模型（Liu et al.，2022），兼具 DFSR 模型和 PSR 模型的优点，能有效地反映系统的因果关系并整合资源、发展、环境与人类健康等要素，是评价城市低碳生态建设水平最适宜的方法之一。因此，本书选择 DPSIR 模型作为指标体系框架设计的逻辑结构，以便于进一步将各项指标要素进行归类，对于厘清该模型五大子系统所反映的方面具有重要意义。

本书总结梳理了他人应用该模型进行评价的相关研究（蒋文武，2018；李雪铭等，2022），以本书的评价目的为出发点，对 DPSIR 模型五大子系统涵盖的内容进行阐述：“驱动力”是关系流域系统压力增加或减少的社会经济或文化因子，应当能反映城市的经济状况和城市的发展状况；“压力”是指人类活动对其密切相关的自然资源环境的影响，主要表现为能源的消耗强度和资源的循环利用效率；“状态”是指资源环境在上述压力下所处的状况，主要表现为区域的生态环境污染水平，能表征空气质量、城市水环境质量和城市噪声等级等方面；“影响”是指系统所处状态对城市软硬件设施发展质量的影响，代表可观测的正面或反面的结果，而城市的资源配置和人口状况两项要素能很好地反映该子系统；“响应”过程表明人类在促进可持续发展过程中采取的对策和制定的政策，包含具体的减碳应对措施和公众对社会服务的满意度（见图 3-1）。

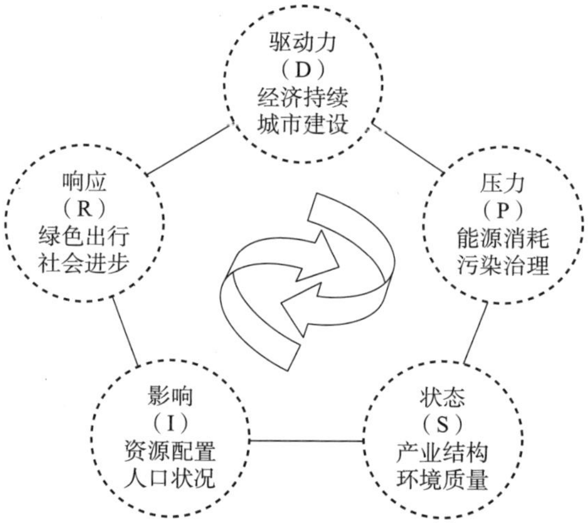

图 3-1　DPSIR 模型

3.3　低碳生态城建设评价方法模型

3.3.1　灰色关联度分析

灰色关联度分析是一种综合分析方法，其目的是通过计算各因素之间的关联度，来确定不同因素对某一指标的影响程度，以揭示数据中的内在规律。该方法可以从众多因素中筛选出关键因素，因此，本书运用该方法对初步构建的低碳生态城市指标数据库进行处理和分析，将关联程度高的指标按照逻辑框架进行分别归类，确保最终的评价指标体系兼具客观科学性和切实可行性。

本书的指标体系具有三个特点：一是由于低碳生态城建设水平评估的对象是郑州整个市域，评价重点是探究郑州市低碳生态城建设水平在纵向上的规律；二是指标数量较多，指标之间是相互关联、相互制约的，需要对整个指标体系有一个比较整体的了解，将其作为一个研究系统进行分析；三是评价结果需要体现充分的客观性，且要得到比较清晰明确的结果。因此，本书采用熵权 TOPSIS 模型定量地对郑州市低碳生态城建设水平进行测度，以达到对现实情况的科学合理反映。灰色关联度分析适用于揭示不同因素之间的关系，因此在指标筛选过程中选择该方法进行指标的确定。灰色关联度分析方法的具体步骤如下：

①根据整理的评价指标库中的 40 个指标，收集评价数据并建立数据矩阵。设 n 个数据序列形成如下矩阵：

$$(X_1',\ X_2',\ \cdots,\ X_n')=\begin{pmatrix} x_1'(1) & x_2'(1) & \cdots & x_n'(1) \\ x_1'(2) & x_2'(2) & \cdots & x_n'(2) \\ \vdots & \vdots & \ddots & \vdots \\ x_1'(m) & x_2'(m) & \cdots & x_n'(m) \end{pmatrix} \tag{3-1}$$

$X_i'=[x_i'(1),\ x_i'(2),\ \cdots,\ x_i'(m)]^T$，$i=1,\ 2,\ \cdots,\ n$，其中，$m$ 为指标个数。

②参数数据列应该是一个较为理想的、包含目标意义的比较标准，可以选择各指标的最优值（或最劣值）构成参数数据列，也可以根据评价目的选择相应的参照值。记作：

$$X_0'=[x_0'(1),\ x_0'(2),\ \cdots,\ x_0'(m)] \tag{3-2}$$

本次计算参考数据为人均碳排放量（吨/万元），该项数据既可以用于衡量碳排放量的多少，又符合本书从市域尺度进行的低碳生态化评估。

③对指标数据进行无量纲化处理。

无量纲化后的数据序列构成如下矩阵：

$$(X_1, X_2, \cdots, X_n)=\begin{pmatrix} x_1(1) & x_2(1) & \cdots & x_n(1) \\ x_1(2) & x_2(2) & \cdots & x_n(2) \\ \vdots & \vdots & \ddots & \vdots \\ x_1(m) & x_2(m) & \cdots & x_n(m) \end{pmatrix} \tag{3-3}$$

采用均值法进行数据无量纲化处理，即将各序列每年的统计值与整条序列的均值作比值：

$$x_i(k)=\frac{x'_i(k)}{\frac{1}{m}\sum_{k=1}^{m}x'_i(k)} \tag{3-4}$$

$$i=0, 1, \cdots, n; \ k=1, 2, \cdots, m$$

④逐个计算被评价对象指标序列（比较序列）与参考序列对应元素的绝对差值，即：

$$|x_0(k)-x_i(k)| \ i=1, \cdots, n; \ k=1, \cdots, m \tag{3-5}$$

n 为被评价对象的个数。

⑤确定：

$$\min_{i=1}^{n}\min_{k=1}^{m}|x_0(k)-x_i(k)| \text{ 和 } \max_{i=1}^{n}\max_{k=1}^{m}|x_0(k)-x_i(k)| \tag{3-6}$$

⑥分别计算每个比较序列与参考序列对应元素的关联系数：

$$\xi_i(k)=\frac{\min_i\min_k|x_0(k)-x_i(k)|+\rho\cdot\max_i\max_k|x_0(k)-x_i(k)|}{|x_0(k)-x_i(k)|+\rho\cdot\max_i\max_k|x_0(k)-x_i(k)|} \tag{3-7}$$

$$k=1, 2, \cdots, m$$

式（3-7）中，ρ 为分辨系数在（0，1）内取值，若 ρ 越小，则关联系数间差异越大，区分能力越强，ρ 通常取 0.5。

⑦分别计算每个指标的关联度：

$$\gamma_i = \frac{1}{n}\sum_{j=1}^{n}\xi_j(k) \tag{3-8}$$

$$k=1,\ 2,\ \cdots,\ m$$

3.3.2 熵权 TOPSIS 模型

多指标综合评价方法根据权重方法的不同，可以分为主观赋值和客观赋值两种，本书选择与研究内容和思路较为契合且具有代表性的评价方法进行介绍。层次分析法是一种主观性较强的评价方法，其流程是将最终目标分解成不同层次的小目标，在小目标可以继续分解的基础上，按照相同的步骤进行分解，直至能直接或间接得到数据。最后的小目标叫“指标层”，其他准则层、要素层、子系统层等均属于中间层。接着将相邻的两个层次建立判断矩阵，求解特征向量，若最后的判定满足条件，则可以求出各层次各指标的权重；再进行评价或者优劣排序。由于评价目的是客观反映实际情况，因此在对评价方法的选择上更倾向于客观性较强的模型方法。虽然层次分析法与本书指标体系构建的逻辑和流程很契合，但不满足客观的评价目的。

熵权 TOPSIS 模型是客观性较强的评价方法，该模型也是本书最终选择的评价方法，下面对其选择理由和具体步骤进行详细阐述。熵权法的核心思想是通过指标变异性的大小来确定权重，且这一指标权重的确定方法一方面客观性较强，另一方面能将指标权重随时间的变化如实加以反映。TOPSIS 模型是一种广泛应用于多目标决策分析中系统工程问题的解决方法，如效益评价、公共决策和公共管理等多个领域，其基本思想是通过计算每个选项（方案）与正理想方案之间的距离和每个选项（方案）与负理想方案之间的距离，来确定最佳方案。本书的目的是从客观科学、全局性的角度对郑州市低碳生态城建设水平进行综合评价，而该方法很好地契合了本书的评价目的。

综上所述，本书选择熵权 TOPSIS 模型作为研究方法，是对现有 TOPSIS 评价模型的改进。评价步骤分为两步：首先利用熵权法确定评价指标体系中具体测量指标的权重，其次采用 TOPSIS 模型即逼近理想解排序法对各评价方案进行排名。具体计算过程如下：

①设被研究方案有 m 个，同时，每个研究方案的具体评价指标有 n 个，从而构建出判断矩阵如下：

$$x(x_{ij})_{m\times n}(i=1,\ 2,\ \cdots,\ m;\ j=1,\ 2,\ \cdots,\ n) \tag{3-9}$$

②将各指标的原始数据进行标准化处理：

$$Y_{ij}=\frac{x_{ij}-\bar{x}_j}{S_j} \tag{3-10}$$

其中，$\bar{x}_j=\frac{1}{n}\sum_{i=1}^{n}x_i$，$S_j=\frac{1}{n-1}\sum_{i=1}^{n}(x_{ij}-\bar{x}_j)^2$，$x_j$ 代表第 j 项指标的平均值；S_j 代表第 j 项指标的标准差。

③根据信息论中信息熵的定义，确定具体评价指标的信息熵为：

$$E_j=-k\sum_{i=1}^{m}p_{ij}\ln p_{ij} \tag{3-11}$$

其中，k 为常数，$k=\frac{1}{\ln m}$；$p_{ij}=\frac{Y_{ij}}{\sum_{i=1}^{n}Y_{ij}}$，如果 $p_{ij}=0$，则定义 $\lim_{p_{ij}\to 0}p_{ij}\ln p_{ij}=0$。

④根据信息熵的计算方法，计算出各评价指标的熵值，然后分别计算出各具体评价指标的权重值：

$$W_j=\frac{1-E_j}{\sum_{i=1}^{n}1-E_j} \tag{3-12}$$

其中，$W_j\in[0,\ 1]$。

⑤构造加权规范化矩阵：

$$R=(V_{ij})_{m\times n}=\begin{bmatrix} W_1Y_{11} & W_2Y_{21} & \cdots & W_nY_{1n} \\ W_1Y_{21} & W_2Y_{22} & \cdots & W_nY_{2n} \\ \vdots & \vdots & \ddots & \vdots \\ W_1Y_{m1} & W_2Y_{m2} & \cdots & W_nY_{mn} \end{bmatrix} \tag{3-13}$$

⑥确定评价方案的正、负理想解：

正理想解（L^+）和负理想解（L^-）分别代表指标向量中的最优方案与最劣方案，计算公式分别为：

$$L^+=\max(V_{i1},\ V_{i2},\ \cdots,\ V_{in}) \tag{3-14}$$

$$L^-=\min(V_{i1},\ V_{i2},\ \cdots,\ V_{in}) \tag{3-15}$$

⑦计算各评价方案到正、负理想解的欧几里得距离：

$$D_i^+=\sqrt{\sum_{j=1}^{n}(V_{ij}^+-V_{ij})^2},\ D_i^-=\sqrt{\sum_{j=1}^{n}(V_{ij}^--V_{ij})^2},\ (i=1,\ 2,\ \cdots,\ m) \tag{3-16}$$

⑧计算相对接近度即低碳生态城建设发展综合指数：

$$C_i=\frac{D_i^-}{D_i^++D_i^-},\ 0\leqslant C_i\leqslant 1,\ (i=1,\ 2,\ \cdots,\ m) \tag{3-17}$$

C_i 在 0 与 1 之间取值，C_i 值越靠近 1，表示该评价方案越靠近最优方案；反之，C_i 值越靠近 0，则表示该评价方案越接近最劣方案。

第4章

郑州市城市土地利用变化特征

4.1 郑州市基本概况与特征

4.1.1 地理区位概况

郑州市地处河南省中北部，黄河中、下游分界处，位于东经 112°42′~114°14′，北纬 34°16′~34°58′，下辖 12 个市辖区、1 个县，郑州市地域总面积为 7567.00km^2，中心城区城市建成区面积为 774.32km^2，市域城市建成区面积为 1384.51km^2（见图 4-1）；属温带大陆性季风气候，四季分明，春秋短暂，夏季炎热潮湿，冬季寒冷干燥；年平均气温为 15℃~16℃，降水集中在 6—8 月。从地理位置上来看，郑州市东邻开封市，南接许昌市、平顶山，西依嵩山、洛阳市，北临黄河与新乡市、焦作市隔河相望。郑州市地处平原地区，地势由西北向东南呈缓坡状，整体地形较为平坦。境内主要有中原丘陵、冲积平原、河岸平原等地貌类型。山区面积为 2375.4km^2，占地域总面积的 31.4%；丘陵区面积为 2256.2km^2，占总面积的 29.8%；平原区面积为 2879.7km^2，占总面积的 38.1%。作为中国中部地区的交通枢纽，郑州市处于多条铁路、公路、航空干线的交会处，连接着全国各大城市。此外，郑州市还是中原经济区的中心城市，拥有丰富的人力资源和自然资源，是河南省的政治、文化、教育、科技、金融中心。

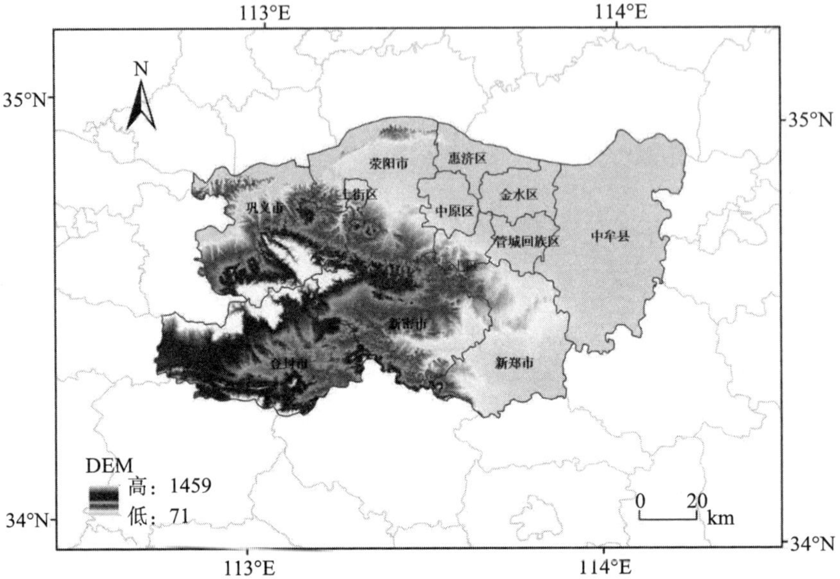

图 4-1　郑州市地理区位

4.1.2　自然资源优势

自然生态本底是郑州市建设低碳生态城的基石，其在建设过程中也发挥着至关重要的作用。因此，厘清研究时间段内郑州市土地利用的状况和趋势，是挖掘其自然资源优势和评价结果分析的前提。从郑州市历年的土地利用面积数量（见表 4-1）和土地利用现状（见图 4-2）来看，2010—2020 年郑州市耕地面积逐渐减少，呈下降趋势，由 2010 年的 5132.38km^2 减少到 2020 年的 4500.35km^2；建设用地面积呈逐年上升趋势，从 2010 年的 1624.46km^2 增加到 2020 年的 2287.48km^2。林地、草地、水域以及未利用地的面积则随着年份的推进并非线性增加或减少，出现了年际波动的规律。从自然资源拥有的碳汇优势来看，郑州市有着大量的森林资源，如黄河故道湿地公园、郑州东线绿化带等。这些森林不仅能吸收二氧化碳，还能提高空气质量，减少噪声污染。在农业方面，郑州市大多种植玉米、小麦、蔬菜、瓜果等，在为人类生活提供粮食保障的同时，其农作物生长和收成过程中也会吸收二氧化碳，发挥一定的碳汇作用。郑州市拥有丰富的草原、湿地等生态资源，加大对水域生态环境的保护和修复能有效地增加碳汇量。

表 4-1　2010—2020 年郑州市土地利用面积数量　单位：km^2

年份	地类					
	耕地	林地	草地	水域	未利用地	建设用地
2010	5132.38	559.13	129.04	135.15	0.66	1624.46
2011	5039.42	580.24	123.80	134.46	0.66	1702.23
2012	4966.71	594.03	127.53	130.15	0.65	1761.74
2013	4861.37	589.39	135.63	128.53	0.45	1865.45
2014	4824.23	590.04	136.25	116.95	0.38	1912.97
2015	4758.40	588.33	132.98	109.27	0.35	1991.48
2016	4707.87	567.32	133.48	111.01	0.25	2060.88
2017	4635.43	565.76	133.74	111.70	0.22	2133.96
2018	4591.20	563.85	125.99	112.97	0.17	2186.63
2019	4581.26	570.67	107.74	117.24	0.09	2203.81
2020	4500.35	561.31	113.16	117.96	0.55	2287.48

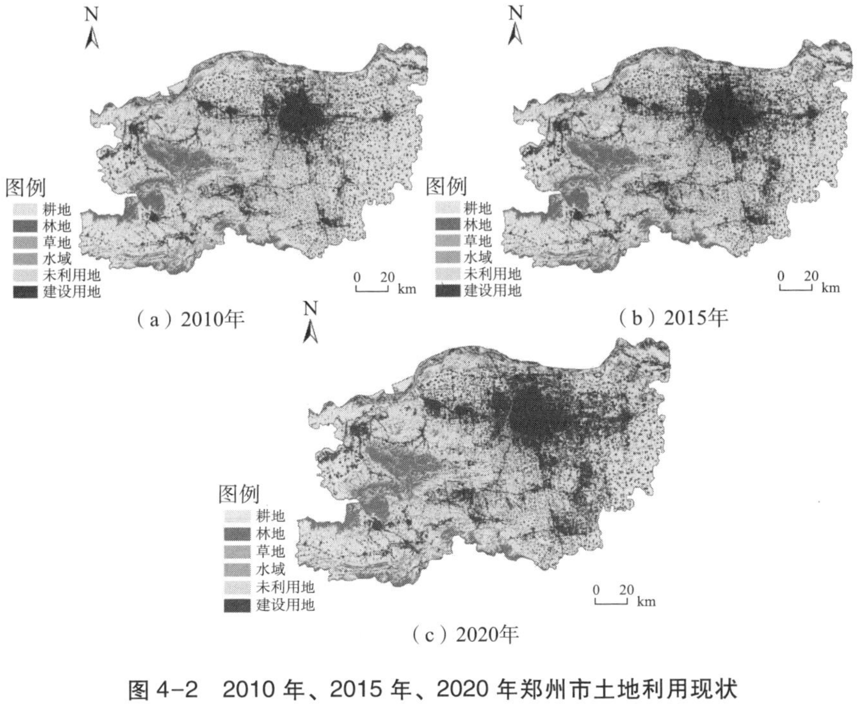

图 4-2　2010 年、2015 年、2020 年郑州市土地利用现状

4.1.3 社会经济状况

作为中原经济区中心城市的郑州，不仅经济发展水平较高，在社会建设方面也表现良好。本书选择从构建的评价指标体系出发，探讨研究时段内郑州市的经济水平和社会状况（见图 4-3）。从经济角度来看，郑州市社会经济总量已超万亿元，其中，第三产业已占郑州市 GDP 一半以上，成为郑州市经济的主要支柱；工业仍是郑州市的重要产业，尤其是汽车制造、电子信息和食品加工等行业；农业产值虽然不高，但农业产业结构正在优化升级，涌现了一批新型农业企业。此外，近年来郑州市越发重视环保产业的人力、物力和财力投入，扩大了新能源汽车的市场，加大了公共交通的配置力度。就社会角度而言，郑州市逐渐重视城市软硬件设施的建设和各项资源要素的配置，同时，在城市环境质量方面注重减排降碳、强化治理，并取得了显著成效。此外，郑州市拥有众多高校和科研机构，劳动力素质较高，城市人口稠密，人才聚集度高，成为华中地区吸引人才和创新创业的重要城市。但总体而言，郑州市在基础设施建设和科技创新政策扶持方面仍需加强，利用现有资源优势，促进经济转型升级，努力打造具有制造业优势、交通物流优势和文化旅游优势等多重属性的特色经济。

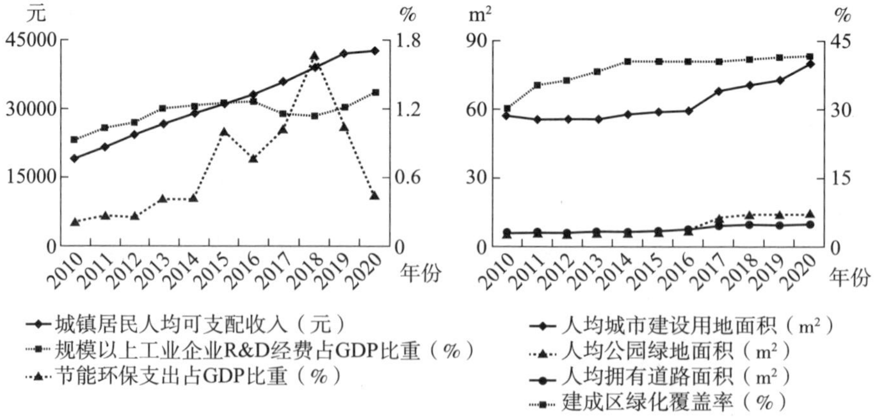

（a）“驱动力”动态演化

图 4-3 DPSIR 模型动态演化

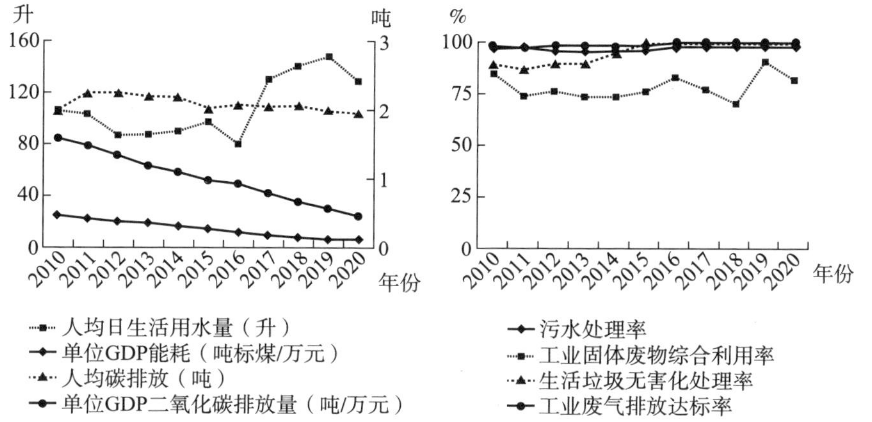

（b）“压力”动态演化

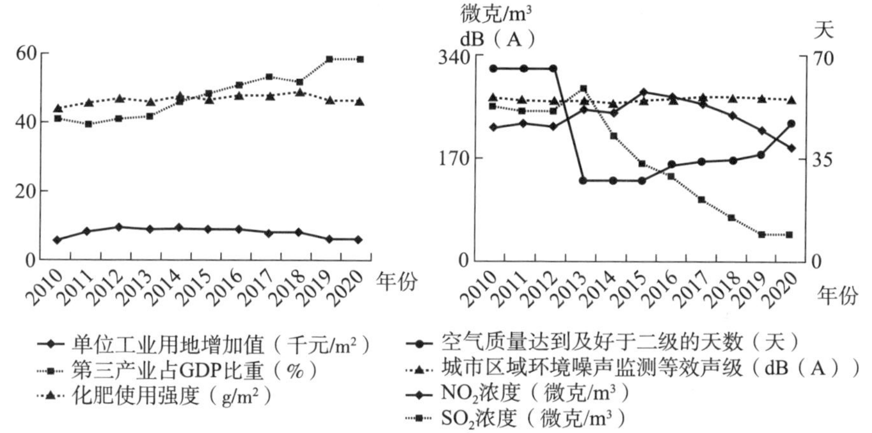

（c）“状态”动态演化

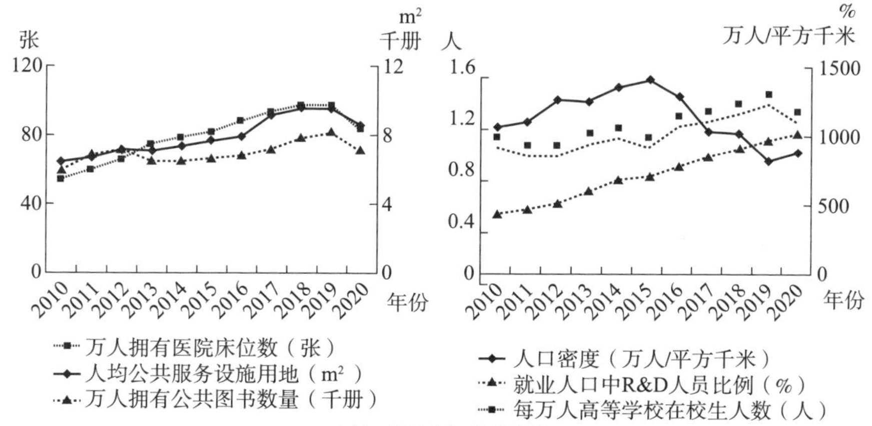

（d）“影响”动态演化

图 4-3 DPSIR 模型动态演化（续）

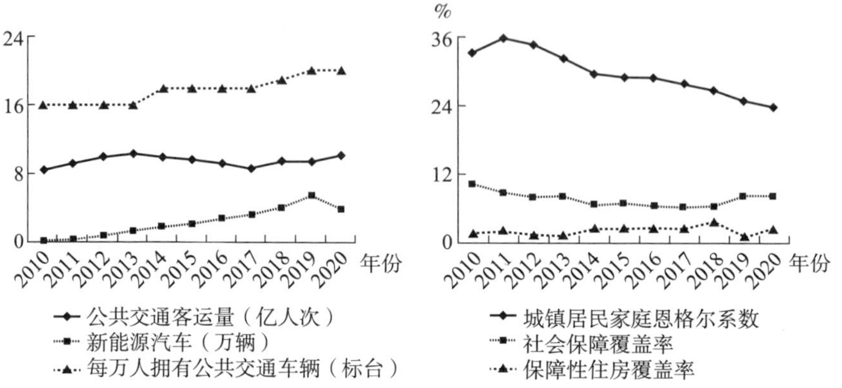

（e）“响应”动态演化

图 4-3 DPSIR 模型动态演化（续）

4.1.4 能源消耗和产业结构

近年来，随着中原崛起国家战略的支撑和郑州市深入贯彻可持续发展理念，郑州市产业经济正稳步朝着健康的方向发展。郑州市自然资源丰富，煤炭总储量 50 亿 t，居河南省第一位；天然油石矿质优良，是中国最大的油石基地之一。郑州市的能源消费主要集中在工业和交通上。资料显示，以钢铁、汽车、机械制造业等为代表的重工业占据了郑州市工业总产值的大部分，因此其能源消耗量也非常大。此外，郑州市是河南省的交通枢纽，以长途客运、货运为主。2020 年，郑州市各能源消耗量分别为焦炭 36917t、汽油 14926t、柴油 32502t、天然气 132137 万 m^3，其中，天然气使用量与 2010 年相比增加 61. 86%。近年来，郑州市产业结构不断升级和优化，现代服务业、高端制造业和新兴产业成为经济发展的主力军。除此之外，农业和传统制造业依然是郑州市的重要产业。其中，农业领域以小麦、玉米、豆类等传统农产品为主，传统制造业主要包括纺织、食品、化工等行业。

4.2 数据来源与处理

本书以郑州市为研究区，研究的时间尺度为 20 年，选取 2000 年、2010 年和 2020 年三个时期的数据进行处理，对郑州市土地利用现状和碳排放变化进行分析，并利用 FLUS 模型对土地利用变化进行低碳优化，助推郑州市低碳可持续发展。所需的研究数据主要包括土地利用数据、统计数据、经济数据，以及收集整理的参考文献数据等，具体如下。

（1）土地利用数据

以郑州市 2000 年、2010 年和 2020 年为主要研究时间点，所需历年的土地利用数据为武汉大学杨杰和黄昕教授团队在 GEE 平台上制作的第一个源自 Landsat 的 30 米年度中国土地覆盖数据集（CLCD），其精度完全能满足研究所需。首先，对该土地利用数据进行按掩膜提取，将郑州市的土地利用提取出来；其次，对其进行重分类处理，分为耕地、林地、草地、水域、未利用地和建设用地六种土地类型，并校准该数据地理坐标系和投影坐标系，达到研究所需的格式和精度。

在进行空间优化模拟的过程中，所需的 1 千米人口密度数据下载自 WorldPop 网站（https：//hub. worldpop. org/），250mDEM 数据和 1 千米夜间灯光数据在中国科学院资源环境科学与数据中心（https：//www. resdc. cn/）下载，郑州市路网数据在 OpenStreetMap 网站（https：//www. openstreetmap. org/）下载。

（2）统计数据

在计算建设用地碳排放的过程中，所需的郑州市各能源消费量数据、年末常住人口，以及耕地碳收支核算中所需的各种农用物资使用量、灌溉面积、翻耕面积、各种农作物的产量和 GDP 数据，均来自《郑州统计年鉴》(2001，2011，2021)、《河南统计年鉴》(2001，2011，2021)。

(3) 相关参数

在土地利用碳排放测算过程中，计算各类土地所需的碳排放系数、碳吸收系数、各作物经济系数、干重比、碳吸收率等均来自对已有研究成果的整理和筛选。各能源的折标准煤系数等数据来自《中国能源统计年鉴》，各类能源碳排放系数来源于 IPCC《2006 年 IPCC 国家温室气体清单指南》。

4.3 郑州市城市土地利用时空变化分析

4.3.1 土地利用现状分析

2000—2020 年研究期间，郑州市土地利用发生显著变化，主要表现为建设用地面积加速扩张，非建设用地面积占比逐渐下降（见图 4-4）。相比于 2000 年，2020 年郑州市林地、水域、未利用地以及建设用地面积均有所增加，耕地和草地面积减少。其中，建设用地面积增长最多，为 102450. 38hm^2，同比增长 81%左右；耕地面积减少最多，为 118433. 57hm^2，降幅为 21%左右（见表 4-2）。

2000—2010 年，耕地和草地面积均有不同程度的减少，其中，耕地面积由 569285. 31hm^2 降至 514147. 06hm^2，面积减少 55138. 25hm^2；草地面积减少 531. 62hm^2（见表 4-2）。而林地、水域、未利用地以及建设用地面积均有不同程度的增长，其中，建设用地面积增长最多，由 2000 年的 126607. 57hm^2 增长至 2010 年的 162696. 59hm^2，增加了 36089. 02hm^2；林地次之，面积由 2000 年的 39763. 17hm^2 增长至 2010 年的 56060. 23hm^2，增加了 16297. 06hm^2；水域面积增加了 3219. 55hm^2；未利用地面积增长最少，为 64. 25hm^2，但由于其基数小，其增长幅度为最大。

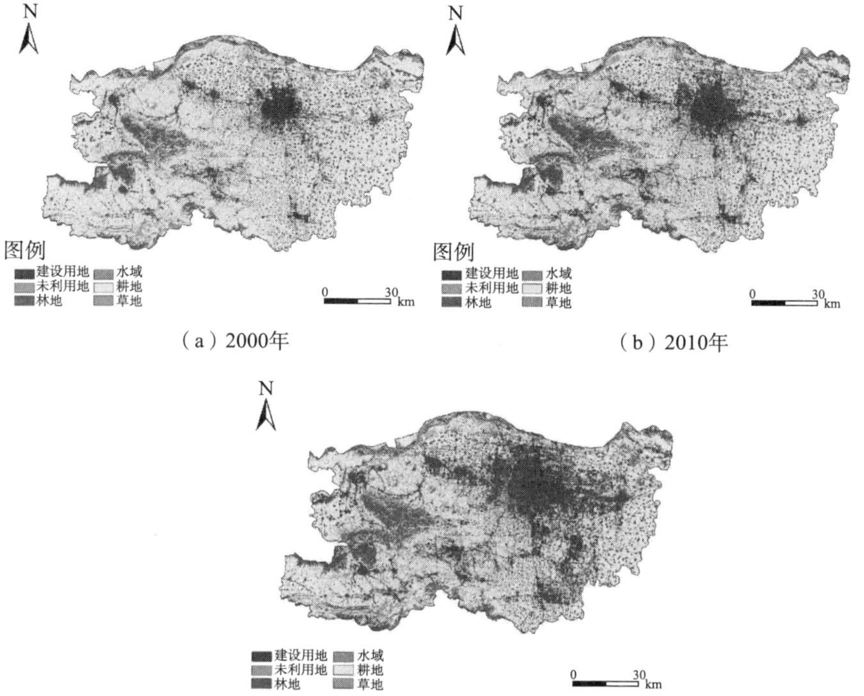

（a）2000年

（b）2010年

（c）2020年

图 4-4　2000 年、2010 年、2020 年郑州市土地利用现状

2010—2020 年，各用地类型面积的增减有所变化。其中，水域和未利用地面积由增长转为减少，水域面积减少 1731. 39hm²，未利用地面积减少 10. 35hm²。耕地和草地面积仍保持下降趋势，且减少速率有所升高。其中，耕地面积减少最多，为 63295. 32hm²；草地次之，面积减少 1568. 88hm²。建设用地和林地面积仍保持增长趋势，其中，建设用地增长最多，增加了 66361. 36hm²；林地增长速率放缓，面积仅增长了 244. 57hm²。

表 4-2　2000—2020 年郑州市土地利用面积及其动态变化　　单位：hm²

地类	2000 年	2010 年	2020 年	2000—2010 年	2010—2020 年	2000—2020 年
耕地	569285. 31	514147. 06	450851. 74	-55138. 25	-63295. 32	-118433. 57
林地	39763. 17	56060. 23	56304. 80	16297. 06	244. 57	16541. 63
草地	13462. 91	12931. 29	11362. 41	-531. 62	-1568. 88	-2100. 50

续表

地类	2000 年	2010 年	2020 年	2000—2010 年	2010—2020 年	2000—2020 年
水域	10335.78	13555.33	11823.94	3219.55	-1731.39	1488.16
未利用地	0.90	65.15	54.80	64.25	-10.35	53.90
建设用地	126607.57	162696.59	229057.95	36089.02	66361.36	102450.38

从郑州市各类用地的占比情况来看（见图 4-5），耕地面积在历年中占比最大，2000 年、2010 年和 2020 年分别占总面积的 75%、68%和 59%，呈直线下降趋势；建设用地面积占比直线增长，分别占总面积的 17%、21%和 30%。而林地、草地、水域和未利用地面积变化较小，其中，2000 年林地面积占比为 5%，2010 年和 2020 年面积占比相同，均占总面积的 7%；草地和水域面积数量较为接近，研究时间段内草地占比分别为 2%、2%和 1%，水域占比分别为 1%、2%和 2%，二者面积比重变化幅度不大，几乎保持稳定；未利用地由于其面积数量极少，占比几乎为 0，同时，从数量上来看，2000—2020 年面积几乎没有太大的变化。总体而言，2020 年耕地和建设用地面积占比较 2000 年分别变化了 16%和 13%，这两类用地变化幅度是最大的，其他地类面积数量基本保持不变，由此可见，耕地的减少极大部分是由于其转换为建设用地，原因是城市化和工业化进程的不断加快，建设用地需求量加大，导致对其他用地类型的挤占。

通过对郑州市土地利用动态度分析发现（见图 4-6），2000—2010 年，未利用地动态度最大，主要原因是未利用地面积数量极少，其面积略微增加或减少都会引起较大的动态度变化；而草地的动态度最小，为-0.41%，说明草地的面积数量变化较小。此外，建设用地、未利用地、水域和林地的动态度均为正值，表明在此研究期间这四类用地的面积数量是增加的；相反，草地、耕地的动态度为负值，表明在此期间这两类用地的面积数量有一定的减少，且耕地的动态度值更大，表示耕地面积减少较多。2010—2020 年，耕地和草地的动态度仍为负值，且较 2000—2010 年动态度的绝对值更大，表明耕地和草地在此阶段面积减少加剧。水域和未利用地的动态度也由之前的正值转为负值，说明这两类用地面积数量有下降的趋势。此外，建设用地和林地仍保持动态度为正值，表明此阶段仍处于面积增长的状态，且建设用地动态度最大，说明此期间建设用地面积增加较多；而林地动态度较 2000—2010 年有一定的降低，表明林地增加量减少。

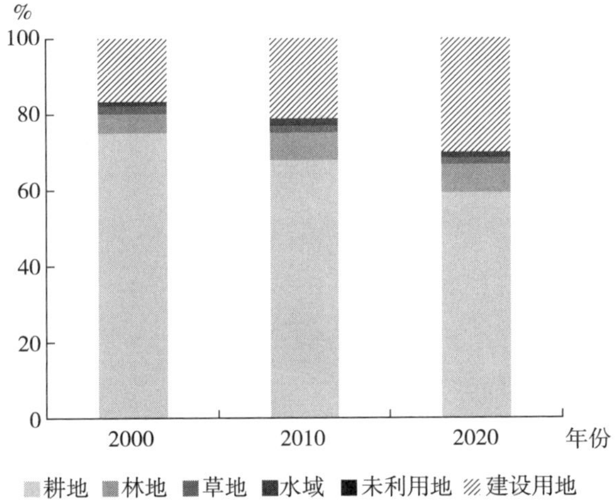

图 4-5　2000—2020 年郑州市土地利用面积占比

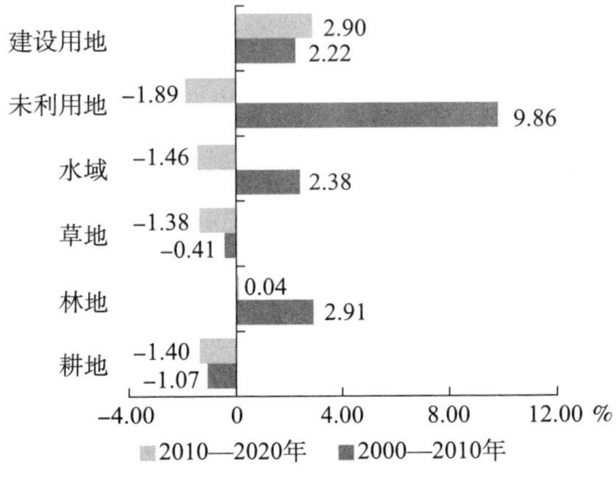

图 4-6　2000—2020 年郑州市土地利用动态度

4.3.2 土地利用变化分析

本书通过上述对郑州市土地利用现状的研究，探讨了 2000 年、2010 年、2020 年土地利用现状面积变化，并从土地利用结构和动态度方面进行分析。在此基础上，本书通过叠置分析，得到 2000—2010 年（见图 4-7）和 2010—2020 年（见图 4-8）的土地利用转移变化情况，并进一步分析得出土地利用转移矩阵。根据图 4-7、图 4-8 可以很直观地看出各类土地类型的变化转移情况，结合土地利用转移矩阵能更加准确地分析各类土地之间转换的变化量，以及有多少土地利用类型未发生改变，有利于分析了解土地利用变化的发展趋势，明确土地利用优化方向。

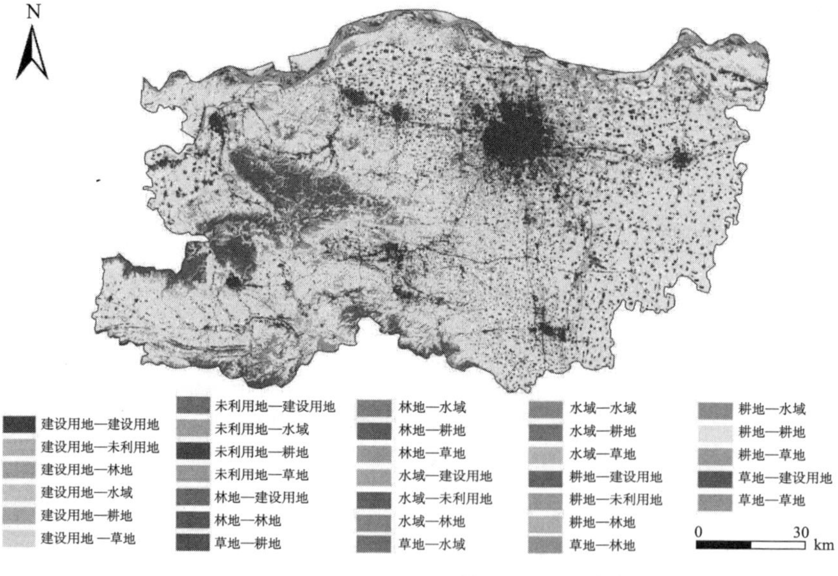

图 4-7 2000—2010 年郑州市土地利用转移变化情况

2000—2020 年，郑州市各用地类型间均有一定程度的转变。其中，耕地和建设用地转移变化最大，主要表现为耕地转为建设用地，以及建设用地占用其他土地利用类型。此外，耕地—林地、草地—耕地、草地—林地、水域—耕地等转移变化也比较明显，耕地、水域和草地被占用较多，而建设用地不断扩张加剧了耕地和水域面积的减少。

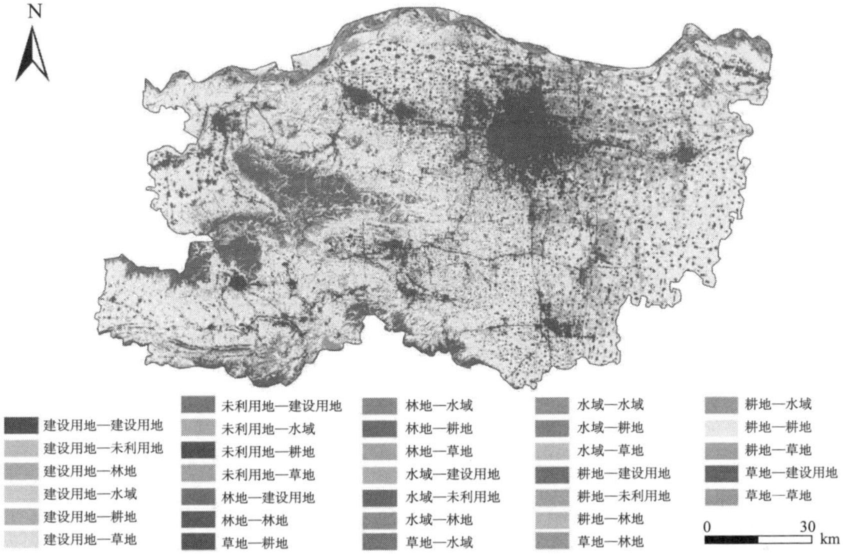

图 4-8　2010—2020 年土地利用转移变化情况

2000—2010 年，郑州市土地利用转移变化主要表现为耕地、草地的缩减，以及建设用地、林地、水域和未利用地的扩展（见表 4-3）。具体而言，耕地流向建设用地的转移变化最大，其次是转为林地、水域和草地。草地面积的变化主要是转化为耕地和林地，草地向耕地的转移变化是影响草地面积变化的主要因素。林地面积的增加主要来自耕地的转换，也有部分林地转换为草地和建设用地，但林地面积有一定的增长。水域主要被耕地和建设用地占用，也存在部分耕地和建设用地转为水域的情况，水域与耕地和建设用地的双向转化促使水域面积有一定的增长。未利用地面积占比较小，面积变化不大，面积增长主要是耕地、建设用地和水域转换引起的，林地和未利用地之间未发生转换。

表 4-3　2000—2010 年郑州市土地利用转移矩阵　单位：hm^2

2000 年	2010 年					
	耕地	林地	草地	水域	未利用地	建设用地
耕地	506059.45	16930.73	3829.73	4905.49	23.67	37536.24
林地	1217.94	38225.88	167.28	0.99	0	151.08
草地	3365.50	886.17	8919.25	5.04	0.36	286.60
水域	2905.86	16.20	8.73	6112.90	23.67	1268.42
未利用地	0.18	0	0	0.27	0	0.45
建设用地	598.13	1.26	6.30	2530.63	17.46	123453.80

2010—2020 年，郑州市各土地利用类型之间的转移变化主要表现为耕地、草地的持续减少，以及建设用地的加速扩张（见表 4-4）。在此阶段中，耕地向建设用地转换较多，也是耕地减少的主要原因。另外，有部分耕地转化为草地、林地和水域。草地在此研究阶段面积仍保持下降，主要是被耕地和林地所占用。建设用地总体呈加速扩展的趋势，占用大量的耕地和水域，但也存在少部分建设用地转换为耕地和水域。林地整体面积在此阶段保持平稳，数量有一定的增加，主要是耕地向林地的转换引起的。水域面积由上升转为下降，水域转为耕地和建设用地是其变化的主要原因。未利用地有所下降，部分未利用地转换为建设用地和水域。

表 4-4　2010—2020 年郑州市土地利用转移矩阵　单位：hm^2

2010 年	2020 年					
	耕地	林地	草地	水域	未利用地	建设用地
耕地	420950.85	6996.91	3923.86	3516.95	16.74	78741.76
林地	8426.22	46452.42	804.37	14.04	0	363.18
草地	3175.46	2709.43	6492.37	10.89	0.90	542.25
水域	5040.20	36.17	41.75	5974.69	17.19	2445.32
未利用地	7.47	0	1.26	32.21	2.07	22.14
建设用地	13251.54	109.87	98.80	2275.16	17.91	146943.30

4.4 郑州市中心城区不透水面时空变化

本节的研究区由郑州市金水区、惠济区、中原区、管城区、二七区5个行政区组成，位于郑州市域的东北方向，是郑州市发展速度最快、城市建成区规模最大的区域，截至2020年，研究区总面积为1017km^2。

由图4-9可以清晰地观察出郑州市中心城区内不透水面在2000—2020年的变化情况，从整体来看，研究区不透水面呈现出逐年增长的趋势。郑州市中心城区20年间不透水面面积占比持续增加，2000年不透水面面积仅为219.47km^2，占全区总面积的21.26%，而到了2020年不透水面总面积达到了524.53km^2，占全区总面积的51.58%，增长近2.4倍，总体年均增长速率为4.4%。2005年郑州市中心城区内不透水面面积为261.54km^2，占全区总面积的25.33%，2010年不透水面面积为316.19km^2，占全区总面积的30.63%，2015年研究区内不透水面面积为481.87km^2，占全区总面积的46.68%。由上述不透水面占比统计数据，可以分析得到郑州市中心城区的总体和局部时间区间的不透水面增速情况。

2000—2005年不透水面面积由219.47km^{2}增长至261.54km^2，5年内总体增长速率约为19.1%，年均增长速率约为3.8%；至2010年，研究区内不透水面面积为316.19km^2，占全区总面积的31.09%，面积约为2005年的1.2倍，在这一时间区间内不透水面总体增长速率约为21.0%，年均增长速率约为4.2%，年平均增加不透水面积约10.90km^2；2010—2015年，城区内不透水面面积增加了165.68km^2，5年内总体增长速率约为52.3%，年均增长速率约为10.5%，不透水面面积年均增长约33.00km^2；2015—2020年，不透水面面积依然呈现增长态势，由2015年的481.87km^{2}增长至2020年的524.53km^2，增加了42.66km^2，总体增长速率约为9.0%，年均增长速率约为1.8%。综上所述，郑州市中心城区的不透水面面积总体上呈增长趋势，但在各时期的增长速率和增长幅度不同，不透水面面积增长幅度最大的时期是 2010—2015 年，2015—2020 年增长幅度最小，增长速率仅为 9.0%，而在 2000—2005 年和 2005—2010 年两个时间区间内不透水面面积的增长幅度相近，增长速率相差仅为 1.9%（见表 4-5）。

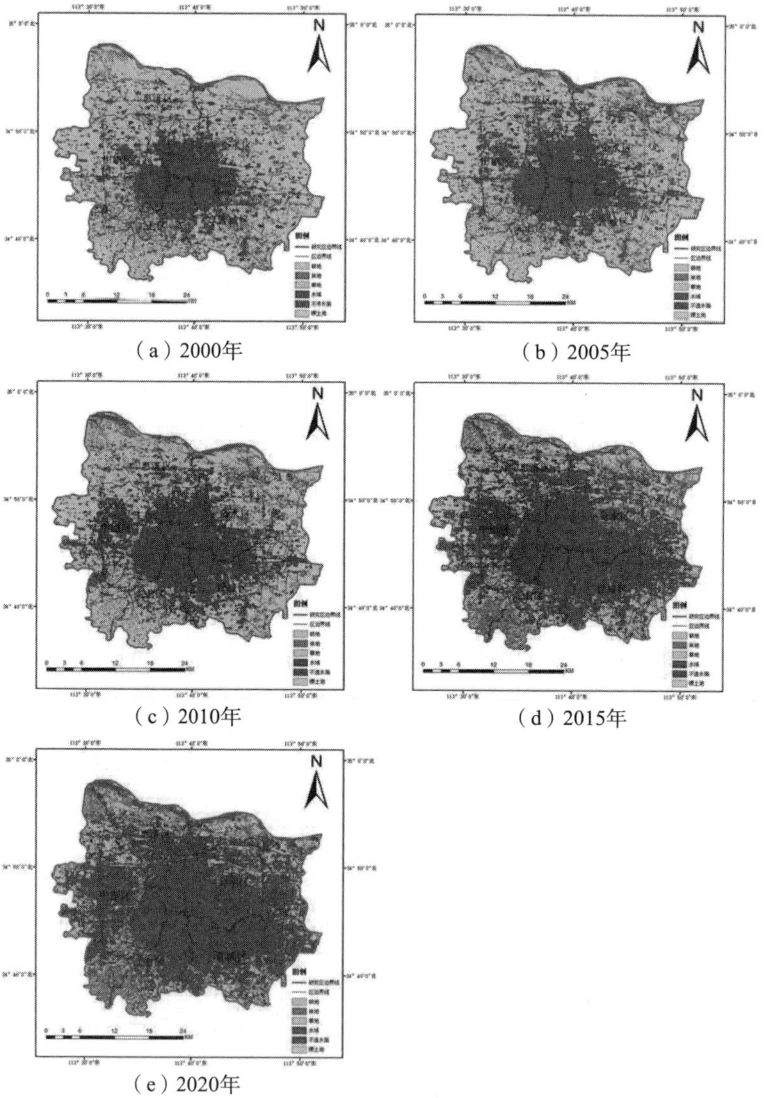

（a）2000年

（b）2005年

（c）2010年

（d）2015年

（e）2020年

图 4-9　2000—2020 年郑州市土地覆盖变化

表 4-5 不透水面总体概况统计

年份	不透水面面积（km^2）	不透水面比例（%）	时间区间（年）	增长速率（%）
2000	219.47	21.26		
2005	261.54	25.33	2000—2005	19.1
2010	316.19	30.63	2005—2010	21.0
2015	481.87	46.68	2010—2015	52.3
2020	524.53	51.58	2015—2020	9.0

由上文统计分析结果可知，郑州市中心城区的不透水面总体呈增长趋势，为了明晰 5 个行政区内部的不透水面变化情况，本章对研究区域进行了分块研究，以行政区划为单位，对研究区每个单位内 2000—2020 年的不透水面增长情况和形态变化情况进行进一步的统计分析处理。

从图 4-10 可以较为明显地看到郑州市中心城区在 2000—2020 年的不透水面增长情况和形态变化情况，就总体而言，中心城区在 20 年内的不透水面为增长趋势，但在 2000—2005 年、2005—2010 年、2010—2015 年、2015—2020 年这 4 个时间区间内每个区的不透水面变化情况不尽相同。金水区不透水面面积居 5 个行政区首位，在 20 年内，区内不透水面面积持续增加，2000 年，金水区不透水面面积为 63.07km^2，占金水区总面积的 26%，而到了 2020 年，不透水面面积已增长至 148.64km^2，占金水区总面积的 61%，增长了近 1.36 倍，2000—2020 年金水区不透水面增长速率达到了近 135.7%，年平均增长速率近 6.8%；2000 年，管城区不透水面面积为 5 个行政区中的第三位，面积约为 43.64km^2，约占管城区总面积的 21.3%，而到了 2020 年，管城区不透水面面积已经跃居中心城区的第二位，面积达到了 128.08km^2，仅次于金水区，约占管城区总面积的 62.4%，不透水面面积增长了 2.9 倍多，增长幅度约为 194.7%；中原区不透水面面积在 2000 年时居中心城区第二位，面积仅次于金水区，约为 48.29km^2，约占中原区总面积的 24.5%，至 2020 年，中原区不透水面面积为郑州市中心城区第三位，面积约为 107.05km²，增长了约 58.76km²，增长幅度约为 121.7%；惠济区不透水面面积在 2000 年时仅为 19.57km²，仅占惠济区总面积的 8.4%，在中心城区中排在末位，至 2020 年，惠济区不透水面面积约为 74.56km²，约占惠济区总面积的 32.0%，在 2000—2020 年，不透水面面积增加了约 54.99km²，增长幅度为 281.0%；2000 年，二七区不透水面面积约为 38.76km²，约占二七区总面积的 24.7%，居郑州市中心城区第四位，至 2020 年，二七区不透水面面积约为 69.34km²，约占二七区总面积的 44.4%，增加了约 30.58km²，增长幅度居中心城区末位，约为 78.9%。

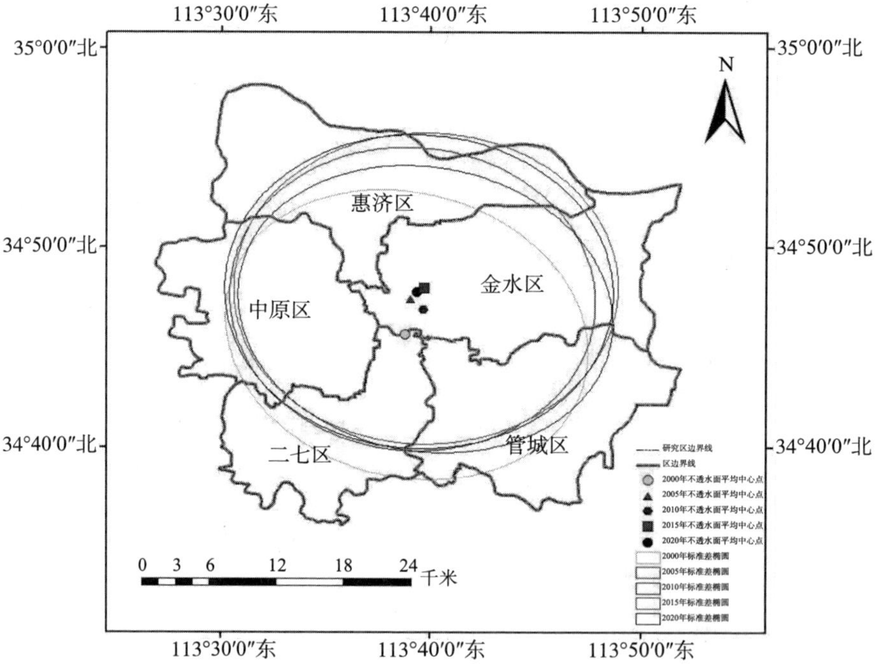

图 4-10 2000—2020 年不透水面平均中心点和标准差椭圆图

由以上统计数据得出，至 2020 年，郑州市中心城区内不透水面面积最大的城区依次是金水区、管城区、中原区、惠济区、二七区。其中，在 2000—2020 年 20 年时期内不透水面面积增长最大的并不是排在首位的金水区，而是排在后面的惠济区，增加了近 2.81 倍，增长幅度达到了 281.0%；不透水面面积增长幅度最小的是排在末位的二七区，增长面积仅为 30.58km^2，2020 年不透水面面积是 2000 年的 1.79 倍，增长幅度约为 78.9%；中原区与金水区在 20 年的时间内不透水面增长幅度较为相似，分别为 121.7%与 135.7%；2020 年，管城区不透水面面积虽然次于金水区，但是在 20 年内的增长幅度远高于金水区，约为 194.7%。为了便于直观地了解郑州市中心城区 2000 年和 2020 年的不透水面变化情况，将上文统计分析数据转换成图表作为表现形式（见图 4-11）。

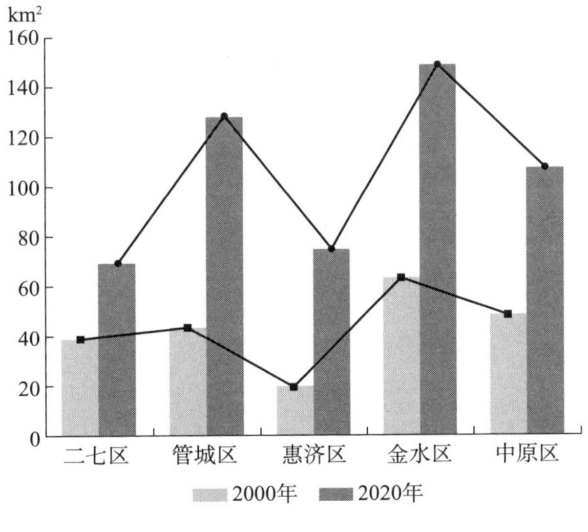

图 4-11　2000 年和 2020 年郑州市各区不透水面总体变化情况

根据以上统计分析数据，可以得出郑州市中心城区 2000—2020 年不透水面的总体发展变化情况。本章以 2000 年和 2020 年两个时期的不透水面变化情况为基础对 2000—2005 年、2005—2010 年、2010—2015 年、2015—2020 年 4 个时间区间内的不透水面发展变化情况进行分析（见图 4-12 至图 4-16）。

2000—2005 年，金水区不透水面面积由 63.07km^2 增长至 83.29km^2，

增长了 20.22km²，总体增长幅度约为 32.1%，年均增长速率为 6.4%；2005—2010 年，不透水面面积增长较 2000—2005 年有所降低，由 2005 年的 83.29km² 增长至 90.77km²，不透水面面积增长了约 7.48km²，总体增长速率约为 9.0%，年均增长速率仅为 1.8%，较 2000—2005 年下降了约 71.96%；2010—2015 年是金水区不透水面面积增长幅度最大的一个时期，也是城市化进程最快速的一个时期，不透水面面积由 90.77km² 增长至 130.17km²，不透水面面积增加了 39.40km²，增长面积约为 2005—2010 年的 5.27 倍，总体增长幅度达到了 43.4%，年均增长速率约为 8.7%，在这一时期内，金水区的不透水面快速发展且高度集中；2015—2020 年，金水区不诱水面面积较 2010—2015 年增长速度趋于缓慢，由 130.17km² 增长至 148.64km²，增加了 18.47km²，总体增长幅度约为 14.2%，年均增长幅度约为 2.8%，较 2010—2015 年减少了 20.93km²（见图 4-12）。

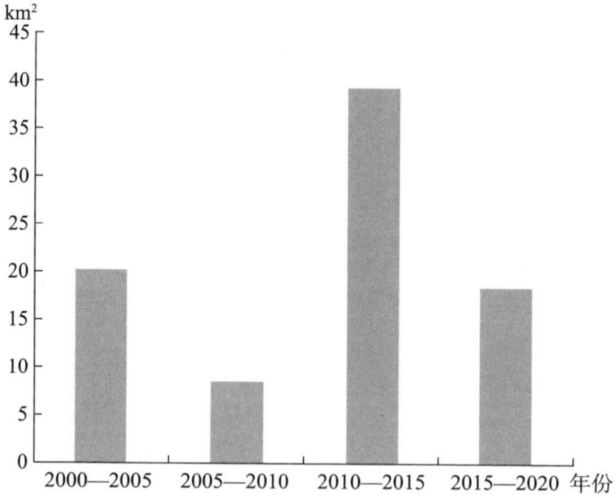

图 4-12 金水区各时期不透水面面积增长情况

2000 年，管城区不透水面面积约为 43.46km²，至 2005 年，面积增长至 52.05km²，约占管城区总面积的 25.4%，不透水面总体增长幅度约为

19.8%，年均增长幅度约为4.0%，略低于同时期金水区的6.4%；2005—2010年，管城区不透水面面积约为73.81km^2，较2005年增长了21.76km^2，总体增长幅度约为41.8%，年均增长幅度约为8.4%，相比2000—2005五年增长了1倍有余，略低于同时期的金水区增长幅度；2010—2015年，管城区不透水面面积由73.81km^{2}增长至118.85km^2，面积增长了45.04km^2，总体增长幅度约为61.0%，年均增长幅度约为12.2%，这一时期的不透水面发展情况与同时期的金水区极为相似，也是进入了快速发展的阶段，但增长幅度比金水区高了约18个百分点；2015—2020年，管城区不透水面面积增长情况趋于缓慢，与同时期的金水区情况类似，这一时期的管城区不透水面面积仅增长了9.23km^2，总体增长幅度为7.8%，年均增长幅度为1.6%，略低于同时期金水区的2.8%（见图4-13）。

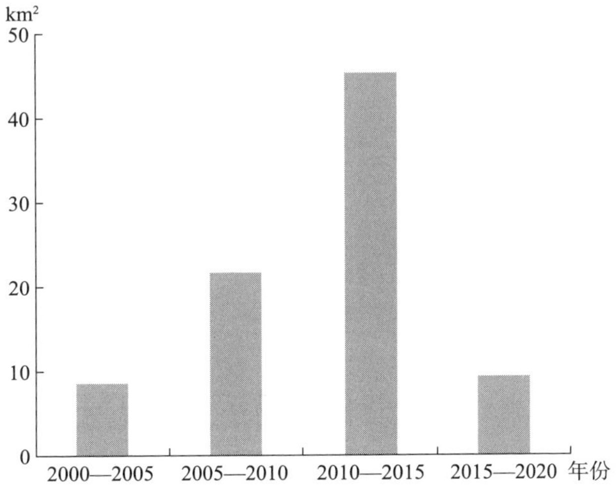

图4-13 管城区各时期不透水面面积增长情况

2000年，中原区不透水面面积居中心城区第二位，面积约为48.29km^2，仅次于金水区，2005年，不透水面面积增长至54.51km^2，增长了6.22km^2，总体增长速率约为12.9%，年均增长速率约为2.6%，这一时期的中原区不透水面面积依然居中心城区的第二位；2005—2010 年，中原区不透水面面积增加了 20.78km²，总体增长速率约为 38.1%，年均增长速率约为 7.6%，高于同时期金水区的 1.8%，略低于管城区的 8.4%；2010—2015 年，中原区不透水面面积由 75.29km² 增长至 107.35km²，增长了 32.06km²，总体增长率约为 42.6%，年均增长率约为 8.5%，均低于同时期的金水区与管城区；2015—2020 年，中原区不透水面面积呈现不升反降的趋势，它也是郑州市中心城区中两个在此时期内不透水面无增长现象的城区之一，2020 年，不透水面面积约为 107.05km²，较 2015 年减少了 0.3km²（见图 4-14）。

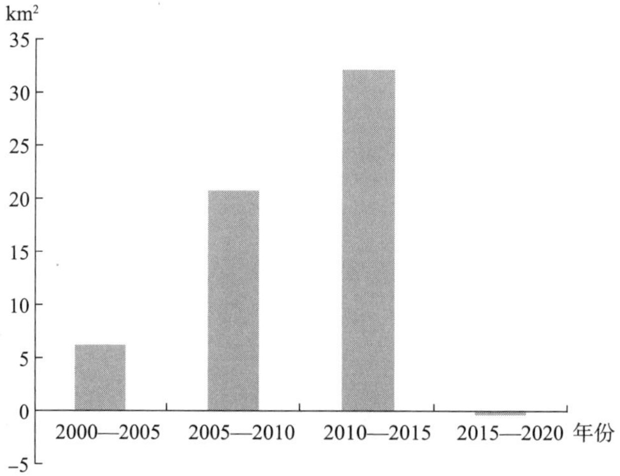

图 4-14　中原区各时期不透水面面积增长情况

惠济区是郑州市中心城区中面积仅次于金水区的城区，总面积约为 232km²，占五区总面积的 22.8%。2000—2005 年，惠济区不透水面面积由 19.57km² 增长至 30.16km²，增长了 10.59km²，总体增长速率约为 54.1%，年均增长速率约为 10.8%，惠济区这一时期的不透水面增长速率高于同时期的金水区、管城区和中原区；2010 年，惠济区不透水面面积为

26.01km²，没有出现同时期其他三个区的增长现象，反而减少了 4.15km²，减少幅度远高于在 2015—2020 年同样出现不升反降现象的中原区，同时，也是在 2000—2020 年出现不透水面面积负增长的两个城区之一；2010—2015 年，惠济区不透水面重新出现增长趋势，由 2010 年的 26.01km² 增长至 63.74km²，增长了 37.73km²，总体增长速率约为 145.1%，年均增长速率约为 29.0%，惠济区这一时期的增长速率远远高于同时期的金水区、管城区与中原区；2015—2020 年，惠济区不透水面占比依然呈现上升趋势，由 63.74km² 增长至 74.56km²，增加了 10.82km²，五年总体增长速率约为 17.0%，年均增长速率约为 3.4%，高于同时期金水区与管城区的 2.8%和 1.6%（见图 4-15）。

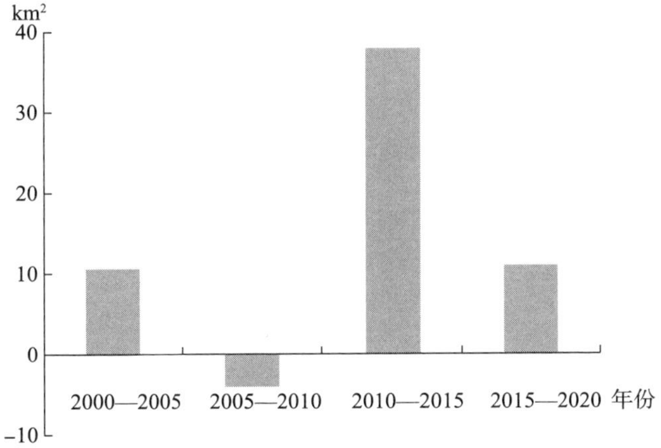

图 4-15 惠济区各时期不透水面面积增长情况

二七区是研究区中面积最小的行政区，面积约为 156km²，同时，也是 2020 年不透水面面积占比最小的区。2000—2005 年，二七区不透水面面积由 38.76km² 增长至 39.06km²，增长幅度极小，仅增长了 0.3km²，是这一时期内中心城区中不透水面面积增长幅度最小的区；2005—2010 年，二七区不透水面面积由 39.06km² 扩张至 48.45km²，增加了 9.39km²，五年内总体增长速率约为 24.1%，年均增长速率约为 4.8%，低于同时期出现不透水面面积增长现象的管城区与中原区，高于金水区的 1.8%；2010—2015 年，与另外四区情况相同，二七区不透水面面积也迅速增长，从 48.45km^2 增长至 63.27km^2，增加了 14.82km^2，总体增长速率约为 30.6%，年均增长速率约为 6.1%，从同时期五个区的不透水面增长情况来看，这一时期的二七区居于末位，但是在四个五年变化时期中是增长速率最高的一个五年时期；2020 年，二七区不透水面面积为 69.34km^2，较 2015 年的 63.27km^2 增加了 6.07km^2，总体增长速率约为 9.6%，年均增长速率约为 1.9%（见图 4-16）。

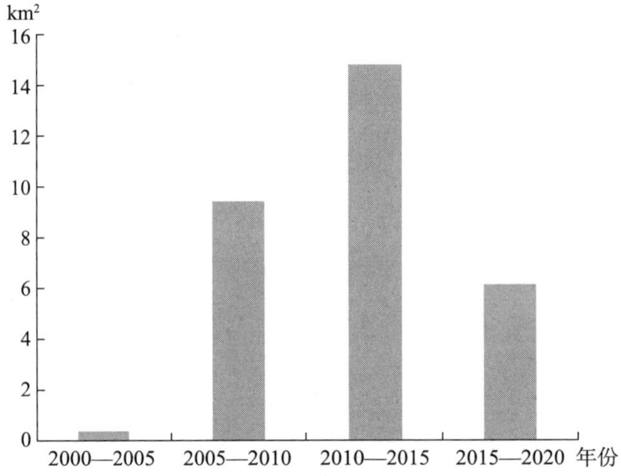

图 4-16　二七区各时期不透水面面积增长情况

综上所述，郑州市中心城区不透水面面积总体上呈现持续扩张的趋势，但 2015—2020 年的中原区与 2005—2010 年的惠济区出现了不透水面负增长现象（见图 4-17）。2000—2005 年，不透水面面积增长率最大的区是惠济区，增长率最小的区是二七区，排在惠济区后面的依次是金水区、管城区和中原区；2005—2010 年，不透水面面积增长率最大的是管城区，其次是中原区、二七区和金水区，与此同时惠济区则出现了不透水面面积负增长现象；2010—2015 年，是 5 个城区不透水面面积扩张速度最迅速的一个时期，惠济区、中原区和管城区扩张速率均达到 50%以上，其中，惠济区更是超过了 100%，而金水区与这 3 个区相比扩张速率略低，最小的是二七区（见图 4-18）；2015—2020 年，五个区不透水面扩张速率明显处于平稳发展阶段，惠济区与金水区在 15%左右，二七区与管城区在 8%左右，而中原区在此阶段出现了负增长现象（见图 4-19）。

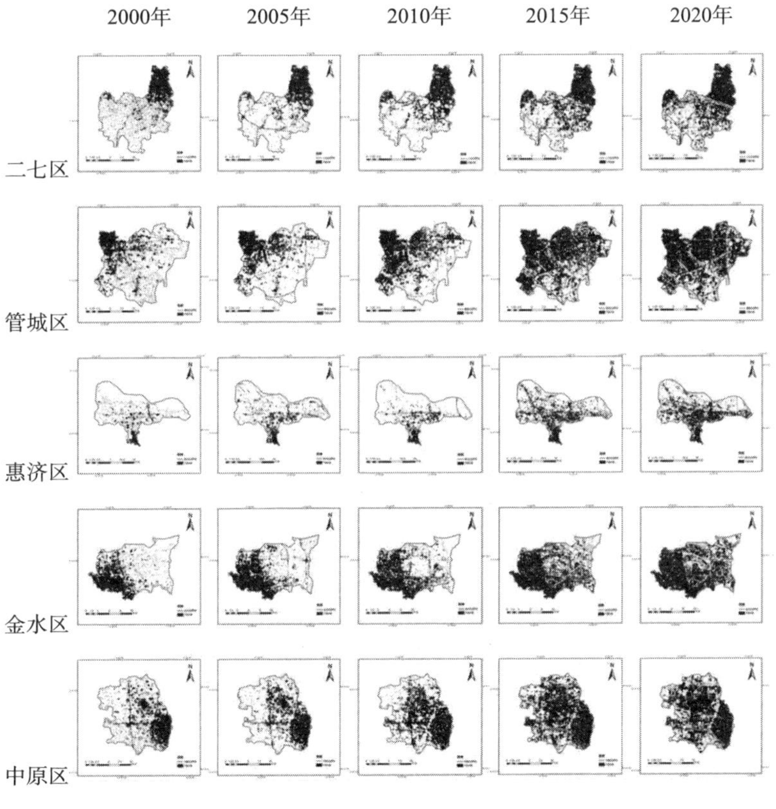

图 4-17　2000—2020 年郑州市中心城区不透水面分布

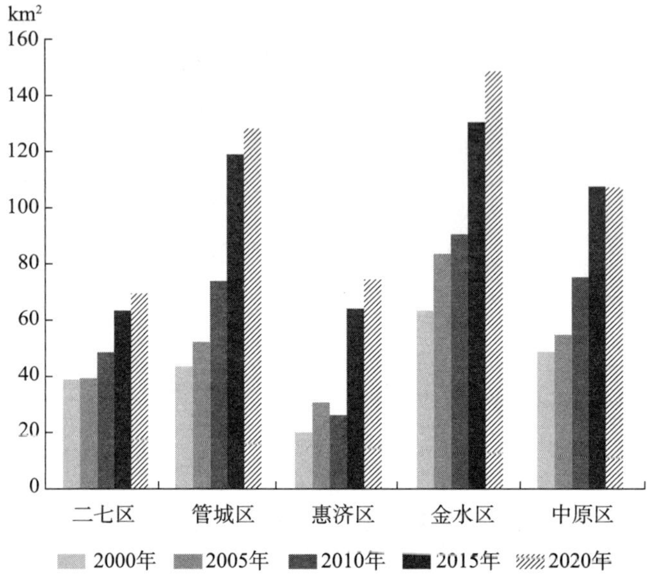

图 4-18　2000—2020 年郑州市中心城区各时期不透水面面积情况

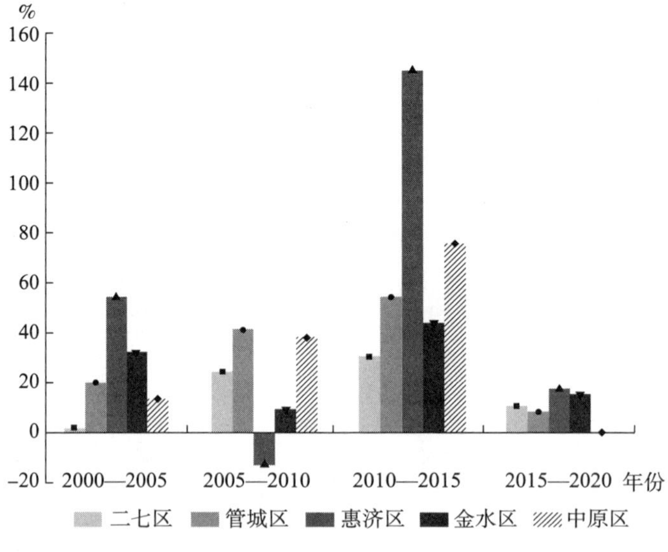

图 4-19　2000—2020 年郑州市各区不透水面增长率情况

第5章

郑州市土地利用变化碳排放评价

5.1 土地利用碳排放评价方法模型

土地利用碳排放是指人类生产生活及相关自然因素导致土地利用类型发生变化引起的二氧化碳等气体的释放。不同用地类型排放或吸收二氧化碳的机理和总量差距较大。因此，在对各类型土地利用碳排放进行核算和评价过程中，要充分考虑各用地类型的碳收支特性和机理，并参考已有研究选取合适的方法对土地利用碳排放进行评价分析。当前，碳排放的核算方法主要有模型模拟法、样地清查法、遥感估算法、物料平衡法、排放系数法、实测法和因素分解法等。结合研究的可行性及相关数据的可获得性，充分考虑各用地类型的碳收支特性，本书选用碳排放系数法、净碳汇法等方法进行碳排放评价。其中，林地、草地、未利用地的碳收支状况较为稳定，且短期内受时间影响不大，因此选用碳排放系数法进行核算；建设用地是主要的碳排放用地，但其碳排放的方式和种类较为复杂，计算难度较大，因此本书以能源消耗和人类呼吸代替建设用地碳排放；当前研究对耕地的碳收支特性分歧较大，因此本书选用净碳汇法精确计算其碳排放。

郑州市地处河南省中北部，属温带大陆性季风气候。根据郑州市的自然地理条件，本书将其土地利用碳收支分情况进行计算。

（1）林地、草地、水域、未利用地

通过对相关文献的整理分析，林地、草地、水域和未利用地 4 种用地类型都是碳汇地，即都通过光合作用吸收、固定大气中的二氧化碳。因此，选用系数法直接计算其碳吸收。参考已有研究，其计算公式如下（孙赫等，2015）：

$$E_n = S \times T_n \tag{5-1}$$

式（5-1）中，E_n 表示第 n 种土地利用类型的碳排放量（单位：t）；S 表示第 n 种土地利用类型的面积（单位：hm^2）；T_n 表示第 n 种土地利用类型的碳排放系数（单位：$t \cdot hm^{-2}$）。

通过查阅相关文献和研究成果，收集整理出全国现有各地区碳排放系数，并根据郑州市的自然状况，选取最合适的碳吸收系数。郑州市各土地利用类型的碳吸收系数见表 5-1。

表 5-1　郑州市不同土地碳净吸收系数

土地利用类型	碳吸收系数［$t\ C/(hm^2 \cdot a)$］	来源
林地	0.6125	Campbell 等（2000）； 肖红艳等（2012）
草地	0.0205	李颖（2021）
水域	0.2530	朴世龙等（2010）
未利用地	0.0050	赵荣钦等（2013）

通过对林地、草地、水域和未利用地碳汇核算发现，林地的碳汇能力较为突出，在低碳可持续发展的探索中能发挥较强的固碳作用。相比之下，草地、水域和未利用地的碳汇能力较为薄弱。基于对林地、草地、水域和未利用地碳吸收特性研究的基础，本书选用系数法对其碳吸收进行核算，具体计算结果见表 5-2。

表 5-2 土地利用碳排放

单位：t

土地类型	2000 年	2010 年	2020 年
林地	-24354.94	-34336.89	-34486.69
草地	-275.99	-265.09	-232.93
水域	-2614.95	-3429.50	-2991.46
未利用地	-0.00	-0.33	-0.27

注：负号表示碳吸收。

（2）建设用地

建设用地的碳排放量主要与人类的生产、生活活动相关。由于其利用方式的不确定性和多样性，无法直接进行计算。不同城市人口规模和发展模式不同，因此不同区域建设用地的碳排放量区别较大。参考已有研究成果，本书主要通过计算人类呼吸碳排放和各种能源消耗产生的碳排放量，间接计算建设用地的碳排放量。人类呼吸碳排放计算公式如下（冯源等，2020）：

$$C_p = Pop \times 0.0896 \qquad (5\text{-}2)$$

式（5-2）中，C_p 表示人类呼吸碳排放量（单位：t）；Pop 表示研究区总人口（单位：人）；0.0896 是人类呼吸碳排放系数（单位：t/人）。

本章选取原煤、焦炭、燃料油、汽油、煤油、柴油、天然气、液化石油气和电力 9 种能源作为碳排放测算的基础数据。各类能源碳排放量计算公式如下（孟庆香等，2023；刘晓璐，2018）：

$$C_e = \sum E_i M_i K_i \qquad (5\text{-}3)$$

式（5-3）中，C_e 表示各类能源碳排放总量；E_i 表示第 i 种能源消耗量；M_i 表示各类化石能源的折算标准煤系数；K_i 表示各类能源的碳排放系数。各类能源碳排放系数来源于 IPCC《2006 年 IPCC 国家温室气体清单指南》，各能源折算标准煤系数来自《中国能源统计年鉴》（见表 5-3）。

表 5-3 郑州市各能源碳排放系数

能源名称	折算标准煤系数（kg 标准煤/kg）	碳排放系数（t C/t）
原煤	0.7143	0.7559
焦炭	0.9714	0.8550
燃料油	1.4286	0.6185
汽油	1.4714	0.5538
煤油	1.4714	0.5714
柴油	1.4571	0.5921
天然气	1.1000	0.4483
液化石油气	1.7143	0.5042
电力	0.1229	0.7140

本书将人类呼吸碳排放和区域各类能源碳排放作为建设用地碳排放核算，能较为真实地反映建设用地碳排放。在人类呼吸碳排放核算中，以郑州市年末常住人口为基础，对其碳排放量进行计算（见表 5-4）。在郑州市能源碳排放中，原煤导致的碳排放占总能源碳排放的 90%以上，是影响建设用地碳排放量的主要因素，其次是电力、天然气、焦炭、燃料油（见表5-5）。天然气使用量逐年递增，导致产生的碳排放量呈加速增长的趋势。2020 年，天然气产生的碳排放量在各能源碳排放中仅次于电力和原煤，成为第三大能源碳排放源。

表 5-4 人类呼吸碳排放　　单位：10^4t

年份	2000	2010	2020
碳排放	59.66	77.60	113.05

表 5-5 各类能源碳排放　　单位：10^4t

类型	2000 年	2010 年	2020 年
原煤	605.61	1439.24	1110.32
焦炭	7.47	50.47	3.07

续表

类型	2000 年	2010 年	2020 年
燃料油	10. 02	8. 50	0. 40
汽油	2. 34	7. 00	1. 22
煤油	0. 03	0. 02	0. 01
柴油	2. 75	5. 49	2. 80
天然气	3. 23	25. 73	75. 95
液化石油气	2. 37	5. 68	1. 00
电力	74. 89	323. 02	200. 45
合计	708. 70	1865. 14	1395. 21

（3）耕地

耕地是人类生产用地类型，种植结构具有多变性和不确定性。郑州市耕地面积占比较大，其碳排放受人为活动影响较多，碳吸收和碳排放机理较为复杂，且当前研究对于其是碳汇还是碳源存在较大分歧，尚未达成一致的意见。综合以上原因，并借鉴已有的对耕地碳汇核算的相关研究，本书采用净碳汇法对郑州市的耕地碳收支进行计算（谭美秋等，2022）。具体计算公式如下：

$$N_t = C_t - T_t \tag{5-4}$$

式（5-4）中，N_t 为耕地碳汇量（单位：t），C_t 为碳吸收量（单位：t），T_t 为碳排放量（单位：t）。

碳吸收量计算方法如下：

$$C_t = \sum_i^n C_i = \sum_i^n C_f Y_i W_i / H_i \tag{5-5}$$

式（5-5）中，C_t 为耕地生态系统总碳吸收量（单位：t），C_i 为某种农作物碳吸收量（单位：t），C_f 为农作物碳吸收率，Y_i 为第 i 类农作物经济产量（单位：t），W_i 为农作物干重比；H_i 为第 i 类农作物经济系数。具体系数取值如表 5-6 所示（West and Marland，2002；韩召迎等，2012；张婷等，2014）。

表 5-6　主要农作物经济系数（H_i）、干重比（W_i）及碳吸收率（C_f）取值

农作物	H_i	W_i	C_f	农作物	H_i	W_i	C_f
水稻	0.49	0.86	0.41	油菜	0.27	0.82	0.45
小麦	0.43	0.87	0.49	花生	0.43	0.90	0.45
玉米	0.44	0.86	0.47	棉花	0.10	0.92	0.45
豆类	0.39	0.82	0.45	麻类	0.83	0.83	0.45
薯类	0.67	0.55	0.42	烟草	0.83	0.83	0.45
向日葵	0.30	0.90	0.45	蔬菜	0.83	0.15	0.45
其他粮食作物	0.39	0.83	0.45	瓜果	0.70	0.90	0.45

碳排放量计算方法为：

$$T_t = \sum_{i}^{n} T_i = \sum_{i}^{n} E_i \times \delta_i \tag{5-6}$$

式（5-6）中，T_t 为耕地生态系统总碳排放量（单位：t），T_i 为第 i 类碳排放源碳排放量（单位：t），E_i 为第 i 类碳排放源数量（单位：t），δ_i 为第 i 类碳排放源的碳排放系数。本书从农用物资方面进行耕地碳排放量计算，依据数据的获取难度以及计算的准确性，在农用物资碳排放计算中选用氮肥、磷肥等八类为计算单元，具体计算参数见表 5-7。

表 5-7　各类农用物资投入碳排放系数取值及来源

投入类别	碳排放系数	单位	来源	投入类别	碳排放系数	单位	来源
氮肥	2.12	$kg \cdot kg^{-1}$	陈舜等（2015）	农膜	5.18	$kg \cdot kg^{-1}$	张婷等（2014）
磷肥	0.64	$kg \cdot kg^{-1}$	陈舜等（2015）	柴油	0.59	$kg \cdot kg^{-1}$	West 等（2002）
钾肥	0.18	$kg \cdot kg^{-1}$	陈舜等（2015）	灌溉	266.48	$kg \cdot hm^{-2}$	李波等（2011）
农药	4.93	$kg \cdot kg^{-1}$	张婷等（2014）	翻耕	312.60	$kg \cdot hm^{-2}$	田云等（2013）

本书通过净碳汇法对郑州市耕地碳排放进行核算，明确耕地作为碳汇用地的属性，且在各生态用地碳汇量中占比较大（见表 5-8）。在耕地主

要农作物的碳吸收量结果分析中发现，小麦和玉米是郑州市的主要碳吸收作物，其碳吸收量占耕地总碳吸收量的 65%以上。这是因为郑州市的耕种习惯，小麦和玉米的种植面积与总体产量较高，是当地主要的种植作物。花生、蔬菜与瓜果的碳吸收量相比于小麦和玉米有所降低，但占比也超过 25%。豆类、薯类和其他粮食作物的碳吸收量呈逐年下降的趋势，与当地种植结构的变化有关。

耕地碳排放核算结果显示，氮肥施用产生的碳排放占比最大，由 2000 年的 45%下降至 2020 年的 34%，总体呈下降趋势。其次是人为翻耕产生的碳排放，占比在 20%左右。占比最小的是钾肥施用产生的碳排放，约为 0.8%。近年来，随着化肥、农药等农用物资使用量的降低以及耕作技术的提升，耕地的碳排放量大大降低了，其碳汇能力也进一步提高。

表 5-8　2000 年、2010 年、2020 年郑州市耕地碳排放核算　　单位：t

类型	2000 年	2010 年	2020 年
小麦	-202103.78	-216128.42	-192456.06
玉米	-145542.32	-184829.55	-165736.36
豆类	-10603.46	-7684.75	-2635.90
薯类	-11054.06	-8087.41	-6867.85
向日葵	-556.32	-16.57	-43.47
其他粮食作物	-6055.40	-1105.35	-1655.41
油菜	-2912.12	-5531.27	-2914.10
花生	-35617.22	-44545.03	-29091.74
棉花	-6601.79	-4572.82	-687.84
烟草	-1976.40	-255.03	-6.14
蔬菜	-39443.19	-62829.56	-48760.55
瓜果	-57865.56	-67902.56	-38214.44
氮肥	189167.60	170787.20	97144.76

续表

类型	2000 年	2010 年	2020 年
磷肥	25900. 80	27272. 96	15514. 24
钾肥	3362. 94	3631. 14	2498. 04
农药	16835. 95	21253. 23	13187. 75
农膜	29184. 12	42952. 56	26630. 38
柴油	35850. 17	39248. 57	21812. 89
灌溉	49152. 24	52238. 07	47814. 51
翻耕	75249. 07	74372. 23	66364. 98
合计	-95628. 73	-171732. 36	-198102. 31

注：负号表示碳吸收。

5.2 土地利用碳排放变化特征

2000—2020 年，郑州市土地利用净碳排放呈现波动变化的趋势，由 2000 年的约 756 万 t 增长至 2010 年的约 1922 万 t，之后又降为 2020 年的约 1485 万 t（见表 5-9）。碳汇用地的碳吸收量呈逐年递增变化，碳汇总量由 2000 年约 12 万 t 增长至 2020 年的 24 万 t，主要受耕地和林地的影响较大。建设用地的碳排放量和郑州市净碳排放量的变化趋势一致，呈现先升后降，由 2000 年的约 768 万 t 增长至 2010 年的约 1943 万 t，2020 年又降为约 1508 万 t，受能源结构变化影响较大。

2000—2010 年，郑州市土地利用净碳排放量呈加速增长趋势，增长超过 150%。在此期间，耕地、林地、水域和未利用地的碳汇量均有一定的增长。其中，耕地碳汇量提高了约 7. 6 万 t，增长最多；林地次之，增长约 1 万 t。草地的碳汇量减少了约 10t，主要是草地面积减少造成的。作为碳源的建设用地，在此阶段碳排放量增长了约 1174 万 t，体现了工业化和城市化发展下建设用地扩张的负面效应，这也是影响郑州市土地利用整体碳排放量变化的主要因素。

2010—2020 年，郑州市土地利用净碳排放量有一定的下降，减少了约 437 万 t。推动其变化的原因有两方面：一是城市发展过程中能源结构的调整，导致原煤、焦炭等化石能源使用量减少，进而影响建设用地的整体碳排放；二是农业种植水平和农作物产量通过科学技术手段不断提升，导致耕地对大气中的碳吸收量增加。在此阶段，林地碳汇量基本保持稳定，整体碳汇量仅次于耕地。草地碳汇量一直处于减少的状态，且下降趋势不断加剧，这与草地面积变化密切相关。水域的碳汇量也有所降低，减少了约 460t。

表 5-9　2000 年、2010 年、2020 年郑州市土地利用碳排放　　单位：t

用地类型		2000 年	2010 年	2020 年
耕地	碳吸收量	−95628. 73	−171732. 36	−198102. 31
林地	碳吸收量	−24354. 94	−34336. 89	−34486. 69
草地	碳吸收量	−275. 99	−265. 09	−232. 93
水域	碳吸收量	−2614. 95	−3429. 50	−2991. 46
未利用地	碳吸收量	−0. 0045	−0. 33	−0. 27
建设用地	碳排放量	7683683. 38	19427395. 90	15082575. 92
净碳排放量		7560808. 77	19217631. 73	14846762. 26

注：负号表示碳吸收。

基于 2000—2020 年郑州市土地利用碳排放的研究发现，建设用地碳排放量远大于碳汇用地的碳吸收量，郑州市土地利用净碳排放量的变化受建设用地影响较大。在建设用地碳排放的组成中，人类呼吸碳排放量一直处于增长的趋势，占建设用地总碳排放量的 10%左右；能源碳排放量的占比超过 90%，是影响建设用地碳排放的主导因素。

本书通过对郑州市 2000—2020 年能源碳排放的变化趋势进行研究，分析郑州市土地利用碳排放波动的主导因素，更准确地反映土地利用碳排放量的变化（见图 5-1）。2000—2020 年，郑州市能源碳排放量表现为先增后减的变化趋势，由 2000 年的 708 万 t 增长至 2013 年的 2457 万 t，达到碳排放峰值；之后碳排放量逐渐降低，2020 年，碳排放量降为 1395 万 t。对郑州市能源结构的研究发现，该市以原煤、焦炭、燃料油和电力能源为主，其中，原煤消耗量较为突出。在各能源碳排放中，原煤碳排放量占比最大，约占能源总碳排放量的 80%。其次为电力产生的碳排放量，占比约为 15%（见图 5-2）。2000—2020 年，原煤消耗量由 2000 年的 1122 万 t 增长至 2013 年的 3679 万 t，2020 年又降至 2056 万 t。电力变化趋势与原煤相同，由 2000 年的 85 亿千瓦时增长至 2013 年的 413 亿千瓦时，后又降至 228 亿千瓦时。2013 年是碳排放变化的转折点，这与郑州市发布的《郑州市“蓝天”工程白皮书（2013—2015）》密切相关，政府通过加大环境保护和可持续发展的实施力度，不断深化能源结构调整，严格控制化石能源的消费量，并大力发展清洁能源，深化工业污染治理，促使原煤碳排放量持续走低，影响建设用地整体碳排放变化。

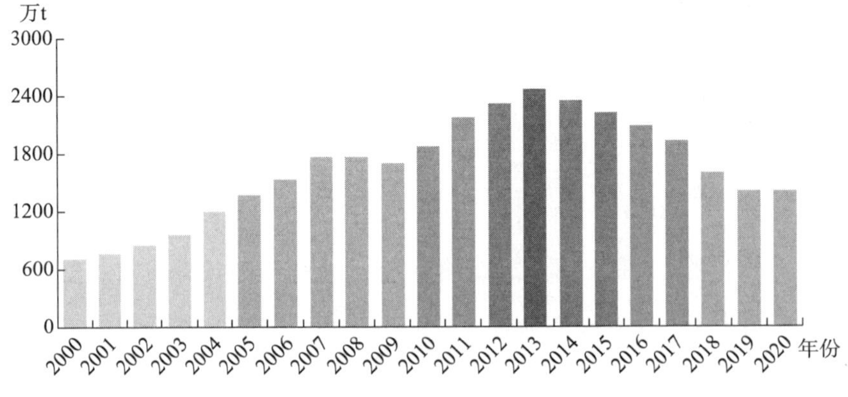

图 5-1　2000—2020 年郑州市能源碳排放量变化情况

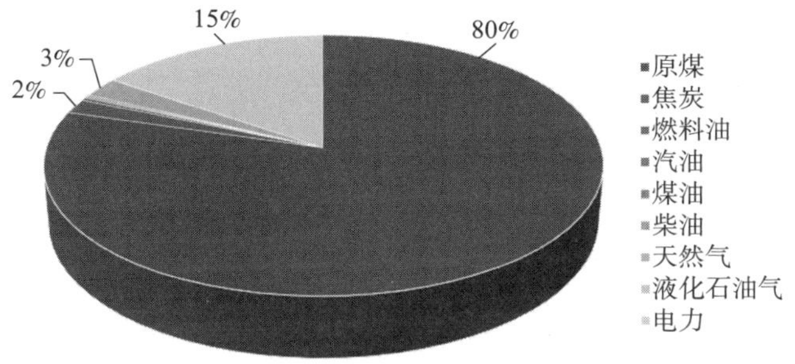

图 5-2　郑州市能源碳排放结构

第 6 章

2030年郑州市土地利用优化模拟

6.1 郑州城市土地利用模拟与验证

Markov 模型能很好地预测未来土地利用的结构，而 FLUS 模型在土地利用的空间模拟方面具有很强的优势（邱应美，2020）。学者通过将 Markov 模型与 FLUS 模型进行耦合，使其既能准确进行土地利用数量预测，又能进行空间预测模拟，能更好地应对复杂的研究环境，更科学地模拟出土地利用的实际变化（张亚飞等，2019）。

本书通过将 Markov 模型和 FLUS 模型进行耦合，对郑州市土地利用的变化情况进行模拟分析。土地利用低碳优化研究的主要内容包括：①以郑州市土地利用现状为基础，通过 Markov 模型得出不同土地类型的转移概率矩阵，并对各类土地利用的需求量进行准确预测；②通过对 2030 年低碳优化情景设置，模拟出不同情景下的土地利用空间分布。

6.1.1 驱动因子的选取

土地利用的变化和转移是受经济、社会、自然等多种因素影响的复杂过程（刘敬杰等，2018；崔玮，2014）。为了得到更准确的模拟结果，本章通过参考已有研究成果，结合郑州市土地利用现状和变化特征，综合自然、区位和社会经济发展等多种因素，选择 9 类驱动因子（见表 6-1）进行研究。

表 6-1 郑州市土地利用变化驱动因子

驱动因子类型	驱动因子	含义
自然因子	高程	地形高程
	坡度	地形陡缓程度
	坡向	地形坡度方向
社会因子	到水源距离	像元几何中心到水源的欧氏距离
	到铁路距离	像元几何中心到铁路的欧氏距离
	到公路距离	像元几何中心到公路的欧氏距离
	到居民点距离	像元几何中心到居民点的欧氏距离
经济因子	夜间灯光	各像元经济发展状况
	人口密度	各像元的年末常住人口数量

基于数据的可获取性和郑州市的基本情况，本书选取的 9 类驱动因子主要分为自然、社会和经济三大类（见图 6-1）。其中，自然因子主要是指郑州市地形地貌的基本特征，反映出各像元的地理情况。本章选择的自然因子主要包括高程、坡度和坡向，全由郑州市的 DEM 数据经过 ArcGIS 软件处理得到。社会因子是影响土地利用变化的重要驱动因素，反映出各像元发展变化的区位差异和变化条件。社会因子主要选择到水源距离、到铁路距离、到公路距离和到居民点距离，主要通过 ArcGIS 软件中的提取工具和欧氏距离分析工具对郑州市土地利用数据处理得到。经济因子体现各像元经济发展情况，本章选取了夜间灯光和人口密度数据作为土地利用变化的驱动因子。

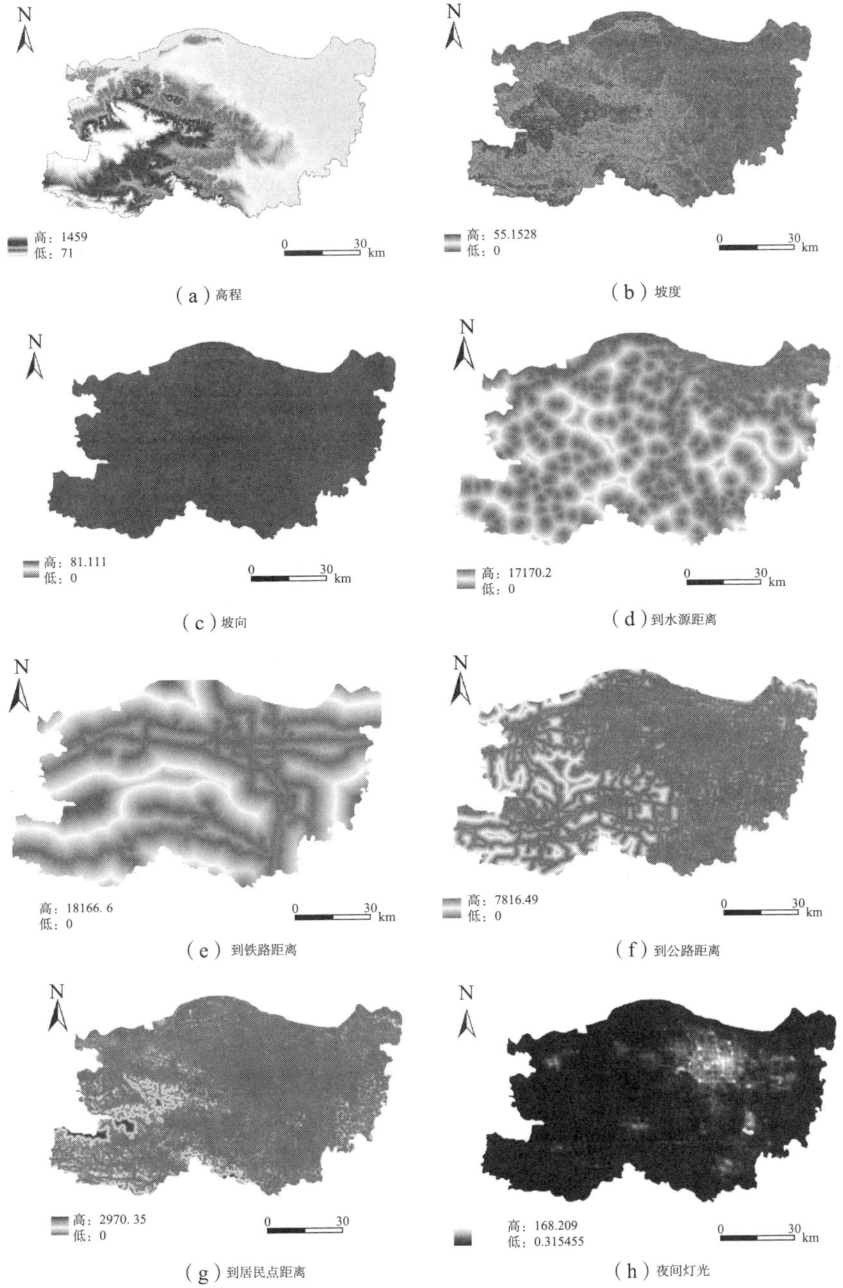

图 6-1 郑州市土地利用变化驱动因子空间数据

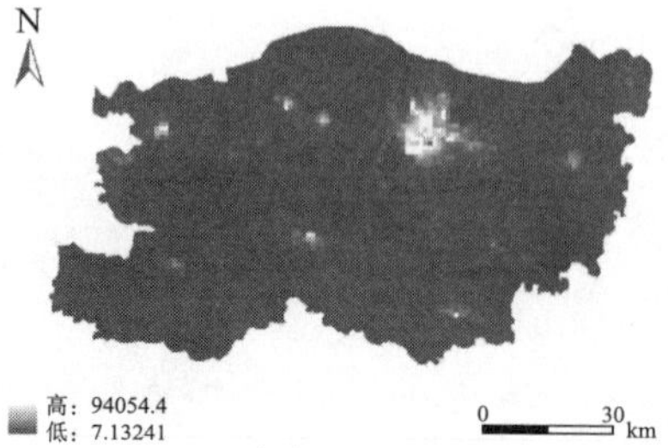

（i）人口密度

图 6-1 郑州市土地利用变化驱动因子空间数据（续）

6.1.2 土地利用适宜性分析

首先，通过 ArcGIS10.2 软件对郑州市各驱动因子数据进行重采样和归一化处理，使其各驱动因了栅格数据的行数和列数保持一致，以便在后期导入 FLUS 模型时能正常处理。

在利用 FLUS 模型中的神经网络进行适宜性分析时，首先应将 2010 年郑州市土地利用栅格数据和行列数调整好的 9 类驱动因子数据导入，并在 FLUS 模型中设定各土地类型的参数。参考已有研究成果，本章模拟选用随机采样的方式，设置采样参数为 20，隐藏层数量为 12。通过模型运行得到郑州市土地利用的适宜性概率图集（见图 6-2）。为了更好地分析各类土地的适宜性，将各类土地的图集进行单一波段显示。均方差的值越小表明模拟的效果越好，此次模拟得出的适宜性概率的均方差为 0.21，适宜性概率精度较高，满足研究要求。

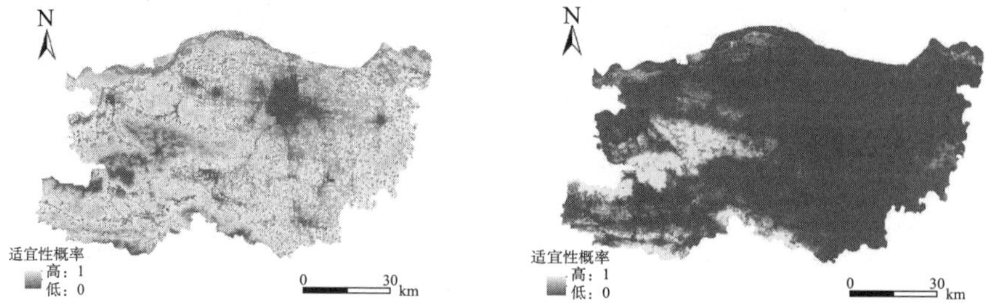

（a）耕地　　（b）林地

图 6-2 郑州市土地利用适宜性概率图集

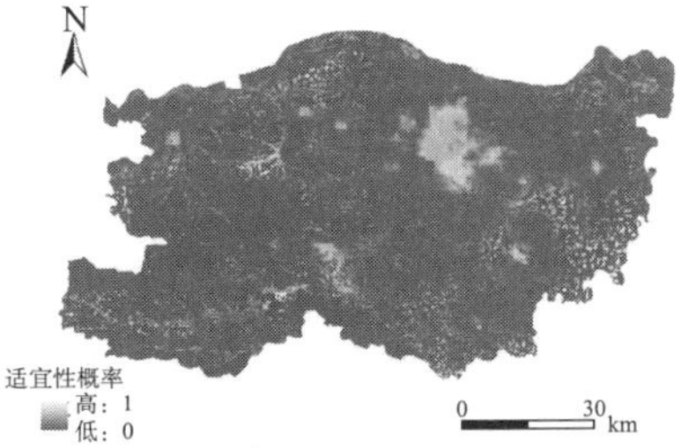

（c）草地

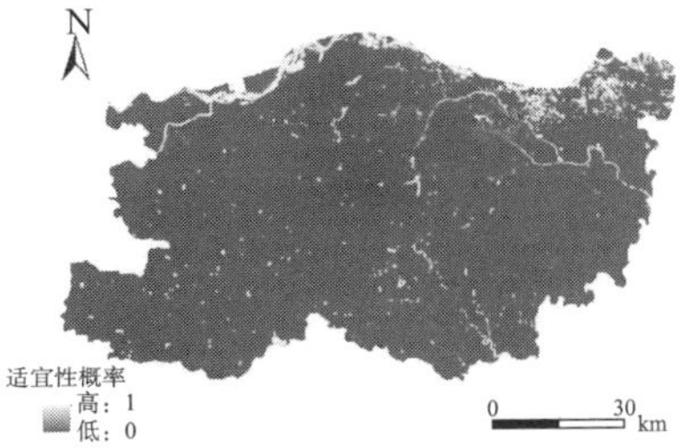

（d）水域

（e）未利用地

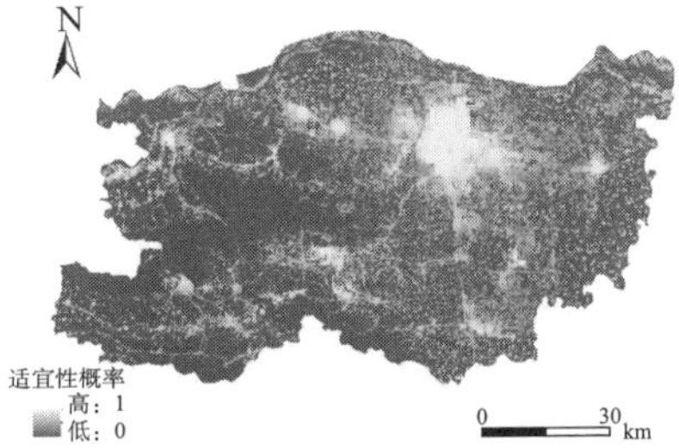

（f）建设用地

图 6-2 郑州市土地利用适宜性概率图集（续）

在郑州市土地利用适宜性概率图集中，颜色越深表明此土地类型分布越不合理，适宜性概率较低；颜色越亮表示适宜性概率越高。由图 6-2 分析可知，耕地的高适宜性区域主要分布在水资源丰富且有较大平原面积的区域，而在山地和人口聚集区域适宜性概率较低；林地适宜性概率较高的地方分布在郑州市西部地区的丘陵山地，该地区人为干预较少，有利于树木生长；草地的高适宜性区域主要分布在郑州市中北部地区以及水域周围；水域最适宜的区域范围是水系的周围；郑州市未利用地面积占比较小，其适宜性区域主要分布在城市周圈；建设用地的高适宜性区域分布在郑州市中东部平原地区，西部山地丘陵范围的适宜性概率较低。

6.1.3 自适应惯性机制的元胞自动机设置

自适应惯性机制的元胞自动机能基于现有的土地利用栅格数据预测未

来不同情景下的土地利用空间分布。其设置主要包括土地需求量、限制开发区域、成本矩阵和邻域权重参数等。

本节在模型模拟检验过程中，以 2010 年郑州市土地利用数据为基础，预测 2020 年的土地利用。2020 年郑州市不同类型的土地需求量以 2020 年实际数据为准。在后期对郑州市 2030 年土地利用进行预测时，主要以 2010 年和 2020 年土地利用数据为基础，利用 Markov 模型进行需求量预测。本次模拟属于自然状态情景下的土地利用模拟，因此不需要设置限制区。通过参考已有研究（吴欣昕等，2018；牛亚文，2022），并结合郑州市土地利用现状，设置其成本转移矩阵（见表 6-2）。

表 6-2　成本转移矩阵

土地利用类型	耕地	林地	草地	水域	未利用地	建设用地
耕地	1	1	1	1	1	1
林地	1	1	1	1	1	1
草地	1	1	1	1	1	1
水域	1	1	1	1	1	1
未利用地	1	1	1	1	1	1
建设用地	0	0	0	0	0	1

注：1 表示可以转为其他地类，0 表示不可以转为其他地类。

土地利用邻域权重的大小反映此类用地扩张性的强弱，取值范围为 0~1。邻域权重值越大表示其扩张性越强，面积扩张的概率越高。本书基于 2000—2020 年郑州市土地利用转移变化的现状，参考已有研究的权重设置（牛亚文，2022），并通过反复调试，最终得到精度较高的邻域权重（见表 6-3）。

表 6-3　土地利用邻域权重

土地利用类型	耕地	林地	草地	水域	未利用地	建设用地
邻域权重	0. 2	0. 3	0. 3	0. 4	0. 25	1

6.1.4 2020 年模拟结果及精度验证

本书以 2010 年郑州市土地利用数据为基础，导入相应的驱动力数据，并设定模型参数，利用 FLUS 模型预测 2020 年的土地利用现状。将模拟预测的郑州市 2020 年土地利用状况与真实的 2020 年土地利用现状进行对比验证（见图 6-3）。

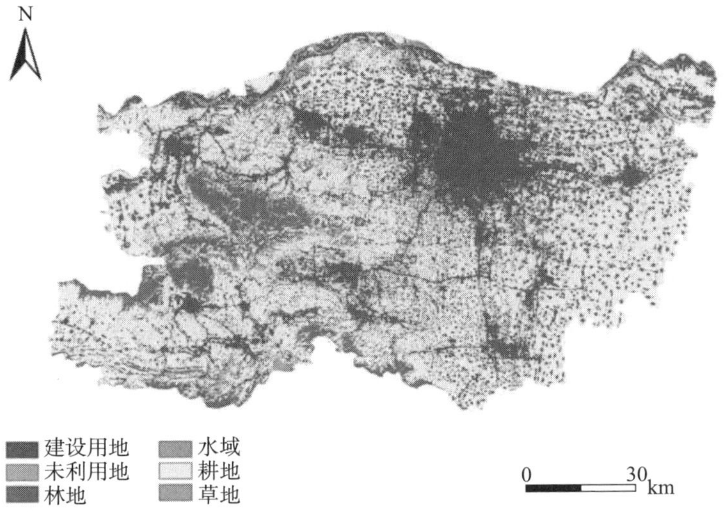

图 6-3 2020 年郑州市土地利用模拟

Kappa 系数是用于对比模拟结果与实际现状之间一致性的参数，取值为 0~1，Kappa 系数越大表示模拟的精度越高。OA 是分类结果的验证精度，取值为 0~1，数值越大表示模拟越真实。FOM 指数用来验证模型的有效性，一般指数小于 0.3。本书将 2020 年模拟结果与实际进行对比，模型的 Kappa 系数为 0.76、OA 为 0.86、FOM 指数为 0.28，均满足精度要求，表示 FLUS 模型能高精度地预测郑州市未来土地利用变化（见表 6-4）。

表 6-4 2020 年郑州市土地利用 FLUS 模型精度验证参数

精度指标	Kappa	OA	FOM
参数值	0. 760838	0. 857146	0. 283366

6.2 2030 年郑州市土地利用优化

6.2.1 土地利用优化原则及目标

郑州市既是河南省省会，也是河南省政治、文化、经济和教育中心。以郑州市为研究区开展低碳可持续发展研究，对河南省整体低碳发展起到引领和示范作用。土地利用是碳排放的主要来源之一，合理规划各类土地利用分布、优化土地利用结构，能有效降低土地利用碳排放量，实现城市的低碳发展。本书通过优化土地利用方式、增加碳汇用地、合理规划土地利用、提高土地使用效率等方式，减少土地利用碳排放，实现土地利用低碳、高效、节能的发展目标。

（1）系统性原则

各类土地类型之间相互联系、密不可分，共同构成一个复杂多元的整体系统。土地利用作为经济社会发展的基础，其各类土地类型之间的转变受多种因素影响，某种土地类型的变化也将引起一系列的连锁反应。在进行土地利用优化调整的过程中，要充分考虑各土地类型间的平衡关系和整体性原则，明晰各种土地利用变化背后的驱动因素。在保持各类土地结构平衡及满足社会发展需求的前提下，优化土地利用数量和空间分布。

（2）可持续性原则

可持续性原则是指要在保护生态环境、维持生态完整性的前提下，对土地利用结构进行优化调整。可持续的核心思想是以土地的健康、稳定为基础，保护自然生态，让其在合理、可循环的模式下被开发使用。土地资源具有有限性，一旦遭到破坏将很难恢复原状，且需要付出很大的代价进行修复。因此，在土地利用优化过程中，要充分考虑土地的可持续利用，杜绝盲目追求经济的粗放式发展，综合考虑人类发展、生态建设和资源节约的协调统一。

（3）发展性原则

社会处在一个不断发展变化的状态，城市人口增加、城市化扩张加剧等各种发展问题不断改变着土地利用结构。在进行土地利用优化的过程中，要充分考虑社会发展的需求，使优化结果能满足社会发展进步的要求和低碳可持续的模式。

6.2.2 土地利用模拟情景设置

郑州市各类土地类型之间的转移变化较为复杂，且各种土地利用类型的碳收支特征差异较大。为使优化结果更加准确高效，本书结合郑州市的土地利用现状特点及相关政策规划，并参考已有研究成果将郑州市未来土地利用情景模拟设置了自然发展情景、耕地保护情景和低碳优化情景三种情景，分情况模拟郑州市 2030 年的土地利用状态，并以低碳可持续发展为目的进行合理优化。

（1）自然发展情景

自然发展情景是指顺应郑州市土地利用历史发展变化趋势，在没有条件限制和干预的情况下预测的未来土地利用状况。本书以郑州市 2010 年和 2020 年土地利用数据为基础，利用马尔科夫链分析处理得到 2010—2020 年郑州市土地利用转移概率矩阵（见表 6-5）。在不设置任何限制条件的情况下，预测 2030 年郑州市各类土地类型的需求量，并以预测的 2030 年土地利用需求量为基础，利用 FLUS 模型进行土地利用空间分布模拟。

表 6-5　2010—2020 年郑州市土地利用转移概率矩阵　　单位:%

2010 年	2020 年					
	耕地	林地	草地	水域	未利用地	建设用地
耕地	81.87	1.36	0.76	0.68	0	15.32
林地	15.03	82.86	1.43	0.03	0	0.65
草地	24.56	20.95	50.21	0.08	0.01	4.19
水域	37.18	0.27	0.31	44.08	0.13	18.04
未利用地	11.46	0	1.93	49.45	3.18	33.98
建设用地	8.14	0.07	0.06	1.40	0.01	90.32

（2）耕地保护情景

耕地保护情景是指在各类土地转变中，加强对耕地面积的保护，约束耕地转换为其他土地类型。本书参考《郑州市国土空间总体规划（2021—2035 年)》《郑州市人民政府关于进一步加强耕地保护的实施意见》和郑州市城市发展规划，并结合已有研究成果（袁壮壮，2021；牛亚文，2022)，在自然发展情景的转移概率矩阵基础上，将耕地转为林地、草地和建设用地的转移比例分别降低 10%、20%和 40%，并将这些面积归为耕地，确保耕地面积的稳定。本书以调整后的转移概率矩阵为基础，预测郑州市 2030 年土地利用各地类需求面积量，对土地利用空间分布进行模拟。

（3）低碳优化情景

低碳发展是指通过降低温室气体排放和促进可再生能源利用等方式，以降低碳排放为目标导向，实现经济、社会、生态高效融合的可持续发展模式。低碳发展以减缓气候变化为目的，通过优化调整土地利用结构，增加碳汇用地面积，提高能源效率，实现经济增长与生态优化的良性互动。本书通过统筹经济、生态和社会等多方面发展要求，参考现有研究（牛亚文，2022；符敏仪，2021)，设置了低碳优化情景。即在自然发展情景下，将耕地转为建设用地、草地和水域的转移比例分别降低 40%、10% 和

20%，将林地转为建设用地和草地的转移比例分别降低 50%和 30%，将草地转为建设用地的转移比例降低 30%，将未利用地转为建设用地的转移比例降低 30%，将减少的面积按比例分配给林地和耕地。

（4）参数设置

本书通过上述 2030 年郑州市土地利用变化情景设置，利用马尔科夫链模型计算其在不同情景下土地利用类型需求的像元数（见表 6-6）。

表 6-6 不同情景下土地利用类型需求的像元数

不同情景	耕地	林地	草地	水域	未利用地	建设用地
自然发展情景	4483461	615191	112575	128350	638	3099652
耕地保护情景	4804859	608373	104927	128350	638	2792720
低碳优化情景	4673186	623506	105653	194978	474	2842070

在自然发展情景的基础上，对土地利用情景模拟的转移概率进行调整，并设置 FLUS 模型中的相关参数（袁壮壮，2021）。对于自然发展情景模拟，成本转移矩阵选择与 2020 年模拟过程中的成本矩阵相同，预测变化方向与历史发展趋势相同，不设置任何限制条件（牛亚文，2022）。对于耕地保护情景，成本转移矩阵参数以自然发展情景为基础，设置耕地不能转为其他生态用地类型。对于低碳优化情景，主要倾向于朝着碳汇能力强的土地类型进行转换（孙乔，2021；陈兵飞，2020）。即在自然发展情景下，结合郑州市的发展情况和现实需求，设置耕地不能转换为草地、水域等，林地不能转换为其他用地（见表 6-7）。

表 6-7 郑州市土地利用情景模拟转换成本矩阵

情景设置	耕地保护情景						低碳优化情景					
	耕地	林地	草地	水域	未利用地	建设用地	耕地	林地	草地	水域	未利用地	建设用地
耕地	1	0	0	0	0	0	1	1	0	0	0	1
林地	1	1	1	1	1	1	0	1	0	0	0	0

续表

情景设置	耕地保护情景						低碳优化情景					
	耕地	林地	草地	水域	未利用地	建设用地	耕地	林地	草地	水域	未利用地	建设用地
草地	1	1	1	1	1	1	1	1	1	1	0	1
水域	1	1	1	1	1	1	1	1	1	1	0	1
未利用地	1	1	1	1	1	1	1	1	1	1	1	1
建设用地	0	0	0	0	0	1	0	0	0	0	0	1

在自然发展情景下的土地利用权重设置与2020年郑州市土地利用模拟中的权重一致；在耕地保护情景下的权重设置，以自然发展情景为基础，加强耕地的扩张能力，对建设用地的扩张性进行削弱；低碳优化情景的权重中，增强林地、耕地等碳汇能力较强的土地类型的扩张性，降低建设用地的扩张强度。通过调整不同土地类型的邻域权重系数（牛亚文，2022；孙乔，2021；陈兵飞，2020），实现上述情景设置要求（见表6-8）。

表6-8　土地利用情景模拟邻域权重

情景设置	耕地	林地	草地	水域	未利用地	建设用地
自然发展情景	0. 20	0. 30	0. 30	0. 40	0. 25	1. 00
耕地保护情景	0. 80	0. 30	0. 30	0. 40	0. 25	0. 80
低碳优化情景	0. 80	0. 90	0. 50	0. 40	0. 25	0. 75

6. 2. 3　土地利用情景模拟结果分析

对2020年郑州市土地利用的模拟精度检验，证明FLUS模型能很好地进行土地利用未来模拟预测。本书以上述模拟情景设置为基础，将2020年土地利用设为初始时间，利用FLUS模型模拟2030年郑州市不同情景下的土地利用空间分布。本书对自然发展、耕地保护和低碳优化三种情景的模拟结果展开分析，探讨各土地类型间的变化，为郑州市低碳土地发展提供对策建议。

（1）自然发展情景

自然发展情景是指在不设置任何约束条件的情形下，遵循自然发展规律和土地利用历史演变规律，通过 FLUS 模型进行模拟预测得到的 2030 年郑州市土地利用空间分布（见图 6-4）。将模拟得到的 2030 年郑州市土地利用数据进行处理，得到 2030 年郑州市自然发展情景下土地利用情况（见表 6-9）。将 2030 年郑州市自然发展情景下土地利用与其 2020 年现状进行对比发现，2030 年郑州市耕地、林地、草地、水域和未利用地面积均呈下降趋势，建设用地面积增加了 49833.22hm^2。其中，耕地面积同比减少了 10.52%，面积减少最多，其动态度的变化量仅次于草地。草地减少了 1232.43hm^2，林地面积减少了 1.62%，耕地、林地和草地是面积减少的主要地类。耕地、林地、草地等碳汇用地的面积减少主要是由于建设用地的扩张，2030 年相比于 2020 年建设用地增加 21.76%，相比于其他用地类型，建设用地动态度变化量最大，表示其面积增长变化最大。

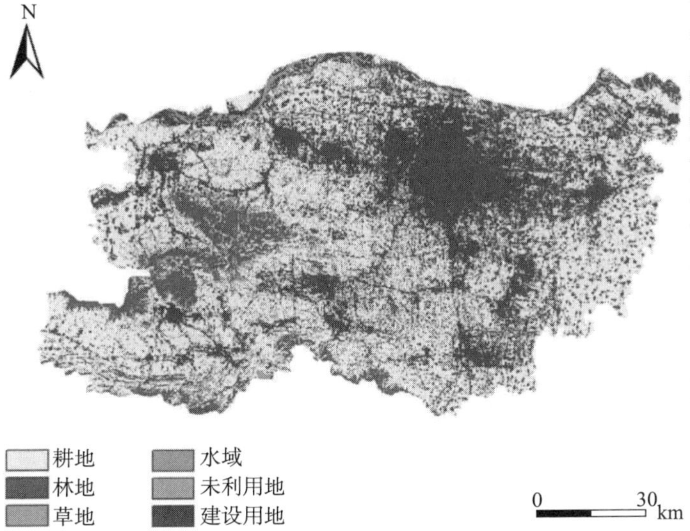

图 6-4 2030 年郑州市土地利用自然发展情景模拟

表 6-9　2030 年郑州市自然发展情景下土地利用情况

土地利用	耕地	林地	草地	水域	未利用地	建设用地
2020 年（hm^2）	450851.74	56304.80	11362.41	11823.94	54.80	229057.95
2030 年自然发展（hm^2）	403440.08	55392.00	10129.98	11549.49	52.91	278891.17
面积变化（hm^2）	-47411.66	-912.80	-1232.43	-274.45	-1.89	49833.22
动态度（%）	-1.05	-0.16	-1.08	-0.23	-0.35	1.79

在自然发展情景下，2030 年郑州市土地利用与 2020 年相比整体呈现“一增五减”的变化趋势，各类生态用地不断被建设用地挤占，其中，耕地面积减少最多，建设用地扩张较为严重。

（2）耕地保护情景

在耕地保护情景下，2030 年郑州市土地利用中耕地面积占比最大，占总面积的 57%左右，建设用地占比超过 33%，耕地和建设用地总占比超过 90%，是郑州市主要土地类型（见图 6-5）。将模拟结果与 2020 年郑州市土地利用现状进行对比分析发现，建设用地面积呈增长趋势，耕地、林地、草地、水域和未利用地均有一定程度的减少（见表 6-10）。其中，建设用地的动态度变化量为正值，面积增加了 27225.05hm^2。耕地动态度变化量最小，面积减少了 19492.14hm^2。草地面积减少了 2894.35hm^2，动态度变化量最大。水域面积减少了 2274.45hm^2，林地和未利用地的动态度变化量较为接近，面积分别减少了 2560.95hm^2 和 3.15hm^2。通过整体对比分析发现，在耕地保护情景下，林地、水域和未利用地的面积下降速率相比于自然发展情景有所提升。虽然耕地面积得到有效的保护，但是加剧了林地、草地等生态用地的破坏，不利于生态环境保护和可持续发展。

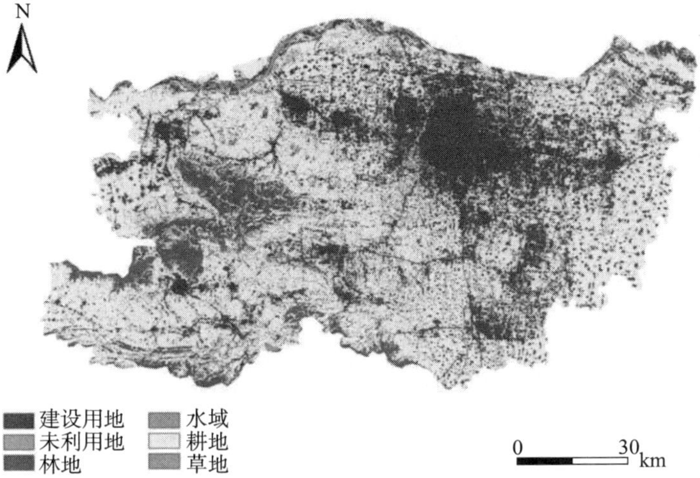

图 6-5　2030 年郑州市土地利用耕地保护情景模拟

表 6-10　2030 年郑州市耕地保护情景下土地利用情况

土地利用	耕地	林地	草地	水域	未利用地	建设用地
2020 年（hm^2）	450851.74	56304.80	11362.41	11823.94	54.80	229057.95
2030 年耕地保护（hm^2）	431359.60	53743.85	8468.06	9549.49	51.65	256283.00
面积变化（hm^2）	-19492.14	-2560.95	-2894.35	-2274.45	-3.15	27225.05
动态度（%）	-0.43	-0.45	-2.55	-1.92	-0.57	1.19

（3）低碳优化情景

本书依据郑州市土地利用历史变化趋势和低碳可持续发展要求，基于严格控制建设用地扩张、整合建设用地资源、采用多元化用地的方式提高建设用地的集约利用率、加强生态用地碳汇功能的原则，以生态文明建设为总的指导思想，对土地利用变化进行低碳优化情景模拟分析（见图 6-6）。2030 年郑州市土地利用低碳优化情景模拟中，耕地依旧占比最大，为 56%，建设用地占比 33%。与 2020 年土地利用相比，林地和建设用地面积呈上升趋势，耕地、草地、水域和未利用地面积呈下降趋势。从动态度的变化量来看，未利用地最大，其次是草地、建设用地、水域、耕地，林地最小。从面积变化的角度来看，建设用地面积增加最多，增加了 26683.86hm²，其次是林地，增加了 1477.46hm²；而耕地面积减少最多，减少了 25280.64hm²，草地次之，面积减少了 1855.30hm²（见表 6-11）。

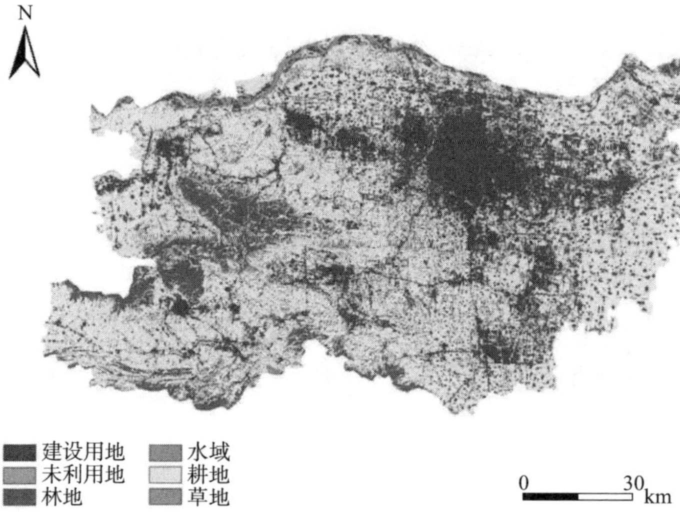

图 6-6　2030 年郑州市土地利用低碳优化情景模拟

表 6-11　2030 年郑州市低碳优化情景下土地利用情况

土地利用	耕地	林地	草地	水域	未利用地	建设用地
2020 年（hm²）	450851.74	56304.80	11362.41	11823.94	54.80	229057.95
2030 年低碳优化（hm²）	425571.10	57782.26	9507.11	10810.72	42.65	255741.81
面积变化（hm²）	-25280.64	1477.46	-1855.30	-1013.22	-12.15	26683.86
动态度（%）	-0.56	0.26	-1.63	-0.86	-2.22	1.16

6.3 2030 年郑州市土地利用碳排放变化分析

结合实际数据和碳排放变化趋势，本书选用碳排放系数法计算 2030 年郑州市不同模拟情景下的土地利用碳排放。其中，耕地、林地、草地、水域和未利用地的碳汇能力较为稳定，因此选择 2020 年各地类的碳排放系数进行计算；而建设用地的碳排放变化幅度较大，2000—2020 年呈先升后降的规律，且 2010—2020 年下降趋势明显。本书结合已有研究和郑州市节能减排政策（李晓梦，2018），基于 2010—2020 年郑州市建设用地碳排放系数，线性预测 2030 年建设用地碳排放系数。2030 年郑州市土地利用碳排放系数如表 6-12 所示。

表 6-12 2030 年郑州市土地利用碳排放系数 单位：t/hm²

类别	耕地	林地	草地	水域	未利用地	建设用地
碳排放系数	-0.44	-0.61	-0.02	-0.25	-0.005	33

6.3.1 自然发展情景

对比 2020 年和 2030 年郑州市自然发展情景下土地利用碳排放（见表 6-13），碳排放呈下降趋势，净碳排放量减少约 585.71 万 t。2030 年各类土地碳汇中，耕地碳汇量最大，占比 82.66%，比 2020 年下降 1.35 个百分点；林地占比 15.88%，比 2020 年上升 1.26 个百分点。各类碳汇用地的碳汇量有所减少，总碳汇量减少约 2.21 万 t，主要是由于各类碳汇用地被建设用地占用。建设用地的碳排放量呈下降趋势，由 2020 年的约 1508.26 万 t 降低至 2030 年的约 920.34 万 t，碳排放量减少了约 587.92 万 t，主要是由于能源结构得到了有效调整。

表 6-13　2030 年郑州市自然发展情景下土地利用碳排放情况

项目	2020 年（t）	占比（%）	2030 年自然发展（t）	占比（%）	变化量（t）
耕地	-198102.31	84.01	-176644.16	82.66	21458.15
林地	-34486.69	14.62	-33927.60	15.88	559.09
草地	-232.93	0.10	-207.66	0.10	25.27
水域	-2991.46	1.27	-2922.02	1.37	69.44
未利用地	-0.27	0	-0.26	0	0.01
碳汇	-235813.66		-213738.96		22074.70
建设用地	15082575.92		9203408.72		-5879167.20
净碳排放	14846762.26		8989707.01		-5857055.25

6.3.2　耕地保护情景

在 2030 年郑州市土地利用耕地保护情景下，耕地面积下降趋势得到有效控制，各土地利用类型的碳汇结构发生改变（见表 6-14）。其中，耕地的碳汇占比为 84.30%，比 2020 年有所提高；林地面积减少，导致碳汇量和占比均呈下降趋势。土地利用净碳排放量减少约 661.46 万 t，主要是由于建设用地碳排放量的变化。在耕地保护情景下，建设用地的扩张强度被有效限制了，且耕地面积得到一定保护，促进了土地利用碳排放的降低。

表 6-14　2030 年郑州市耕地保护情景下土地利用碳排放情况

项目	2020 年（t）	占比（%）	2030 年耕地保护（t）	占比（%）	变化量（t）
耕地	-198102.31	84.01	-189798.22	84.30	8304.09
林地	-34486.69	14.62	-32783.75	14.56	1702.94
草地	-232.93	0.10	-169.36	0.08	63.57
水域	-2991.46	1.27	-2387.37	1.06	604.09
未利用地	-0.27	0	-0.26	0	0.01
碳汇	-235813.66		-225138.96		10674.70
建设用地	15082575.92		8457339.00		-6625236.92
净碳排放	14846762.26		8232200.04		-6614562.22

6. 3. 3 低碳优化情景

低碳优化情景是在自然发展情景和耕地保护情景基础上的优化调整，是充分考虑经济社会发展和生态环境保护的优化模式。在 2030 年郑州市低碳优化情景下，林地碳汇量呈增长趋势，2020—2030 年增长约 760.49t，土地利用净碳排放量减少约 663.27 万 t（见表 6-15）。在低碳优化情景下，耕地、林地等碳汇用地的面积得到有效保护，且限制了建设用地的扩张，建设用地碳排放量得到有效控制。

表 6-15 2030 年郑州市低碳优化情景下土地利用碳排放情况

项目	2020 年（t）	占比（%）	2030 年低碳优化（t）	占比（%）	变化量（t）
耕地	-198102.31	84.01	-187251.28	83.08	10851.03
林地	-34486.69	14.62	-35247.18	15.64	-760.49
草地	-232.93	0.10	-190.14	0.08	42.79
水域	-2991.46	1.27	-2702.68	1.20	288.78
未利用地	-0.27	0	-0.21	0	0.06
碳汇	-235813.66		-225391.50		10422.16
建设用地	15082575.92		8439479.73		-6643096.19
净碳排放	14846762.26		8214088.23		-6632674.03

6. 4 郑州市低碳土地利用优化

6. 4. 1 不同情景对比分析

（1）土地利用结构变化

在 2020—2030 年郑州市土地利用的不同情景模拟中，自然发展情景下耕地面积减少 10.52%，建设用地增长 21.76%，生态碳汇用地面积被大量占用，建设用地的扩张强度不断加大（见表 6-16）。相比之下，耕地保护情景和低碳优化情景下耕地得到有效保护，面积下降趋势得到控制；建设用地的扩张也得到有力的限制。与低碳优化情景相比，在耕地保护情景下，耕地面积增加了 5788.5hm^2，对耕地的保护强度相对较高，但林地面积减少了 4038.4hm^2。通过对比分析，低碳优化情景下的土地利用优化不仅使耕地面积得到有效保护，而且有倾向性地提高了高碳汇地类面积，对建设用地的扩张进行有力限制，有利于实现郑州市生态环境保护和高质量可持续发展。

表 6-16　2030 年郑州市情景模拟土地利用　　单位：hm^2

	耕地	林地	草地	水域	未利用地	建设用地
2020 年	450851.74	56304.80	11362.41	11823.94	54.80	229057.95
自然发展	403440.08	55392.00	10129.98	11549.49	52.91	278891.17
耕地保护	431359.60	53743.85	8468.06	9549.49	51.65	256283.00
低碳优化	425571.10	57782.26	9507.11	10810.72	42.65	255741.81

（2）碳排放变化

通过与 2020 年郑州市土地利用碳排放对比发现，2030 年自然发展情景下耕地的碳汇量下降幅度较大，减少 10.83%，是最大的碳汇损失（见表 6-17）。相比之下，耕地保护情景和低碳优化情景的耕地面积得到有效保护，碳汇量下降趋势减缓。在建设用地碳排放的变化上，自然发展情景中碳排放量降低约 587.92 万 t，而耕地保护情景和低碳优化情景下分别降低约 662.52 万 t 和 664.31 万 t。耕地保护情景下，林地碳汇量下降幅度较大，减少了 1702.94t，而低碳优化情景下林地碳汇量增加了 760.49t。在三种情景模拟中，低碳优化情景的净碳排放量最低。综上所述，低碳优化情景不仅严格控制净碳排放量，而且在限制建设用地扩张的同时加强对耕地的保护，增加了碳汇能力较高的林地面积，此情景设置更有助于推动郑州市低碳可持续发展和生态环境保护。

表 6-17 2030 年郑州市各情景下土地利用碳排放情况 单位：t

	耕地	林地	草地	水域	未利用地	建设用地
2020 年	-198102.31	-34486.69	-232.93	-2991.46	-0.27	15082575.92
自然发展	-176644.16	-33927.60	-207.66	-2922.02	-0.26	9203408.72
耕地保护	-189798.22	-32783.75	-169.36	-2387.37	-0.26	8457339.00
低碳优化	-187251.28	-35247.18	-190.14	-2702.68	-0.21	8439479.73

6.4.2 低碳土地利用优化

本书基于前文各情景模拟的结果，结合实现生态文明建设和可持续发展的总体目标，发现低碳优化情景较之自然发展情景和耕地保护情景的净碳排放量更低，建设用地的扩张也得到严格把控，同时，不仅加强了对生态用地的保护，而且其林地碳汇功能得到提升，更有助于郑州实现低碳、绿色的高质量发展。具体而言，低碳优化情景下的用地转换主要是耕地向林地、建设用地的转换，分别转换了 982.63hm^2 和 26523.87hm^2；草地转换为耕地 1324.39hm^2，转换为林地 494.64hm^2；水域向耕地转换了 898.76hm^2，其他地类面积波动变化较小（见表 6-18）。耕地、林地的碳汇作用较强，是碳汇量最主要的组成部分，低碳优化一方面是减少或控制碳排放量，另一方面是增加碳吸收量，而本书的情景设置符合低碳优化的内在要求。

表 6-18 2020—2030 年低碳优化土地利用转移矩阵 单位：hm^2

2020 年	2030 年					
	耕地	林地	草地	水域	未利用地	建设用地
耕地	423345.24	982.63	0	0	0	26523.87
林地	0	56304.80	0	0	0	0
草地	1324.39	494.64	9507.11	7.38	0	28.88
水域	898.76	0.18	0	10795.69	0	129.31
未利用地	2.70	0	0	7.65	42.65	1.80
建设用地	0	0	0	0	0	229057.95

6.4.3 研究结论

土地利用低碳优化研究以郑州市2000年、2010年、2020年三期土地利用数据为基础，利用ArcGIS10.2软件得到各年份的土地利用转移变化情况，从各地类面积数量、结构占比、转移变化和动态度等多方面分析郑州市土地利用的动态变化；根据各地类的碳排放特征，选用不同方法进行碳排放量核算，分析2000—2020年郑州市土地利用碳排放的变化特征和趋势。在模型精度检验合格后，利用FLUS模型对郑州市2030年土地利用进行不同情景优化。通过不同情景下土地利用模拟结果的对比和碳排放的变化分析，对郑州市土地利用进行低碳优化调整。得出如下结论：

第一，2000—2020年郑州市土地利用转移变化较为显著，其中，建设用地扩张幅度较大，占用部分耕地、林地等非建设用地。研究期间，郑州市建设用地面积增长约81%，是土地利用变化中面积增长最多的地类；耕地主要表现为加速下降的变化趋势，降幅超过21%，主要转换为建设用地和林地。草地面积不断被耕地和建设用地占用，减少趋势逐渐加剧。水域和未利用地占整体比重较小，面积变化趋于稳定。

第二，2000—2020年郑州市土地利用碳排放变化呈先升后降的趋势，且变化幅度较大。本书利用净碳汇法对耕地进行碳排放量核算，明确了耕地作为碳汇用地的属性。在郑州市的碳汇核算中，耕地的碳汇量最多，且随着化肥、农药等农用物资使用量的降低以及耕作技术的提升，单位面积耕地的碳汇能力进一步提高。但耕地面积的减少，使其整体碳汇的增长趋势逐渐减缓。林地碳汇量仅次于耕地，近些年碳汇量呈上升趋势。建设用地碳排放变化呈先升后降的趋势，对土地利用碳排放变化的影响较大。

第三，郑州市土地利用碳排放变化受人口、能源的影响较大。能源消耗是建设用地碳排放的重要组成部分，占其碳排放量的 90%以上，是影响土地利用碳排放变化的主导因素。能源碳排放量在 2000—2013 年呈上升趋势，2013 年达到最大，之后由于相关能源结构调整政策的发布和新能源的开发，化石能源的使用量逐渐减少，建设用地碳排放也转为下降趋势。研究期间，郑州市人口数量逐年递增，增长比例约为 50%，是影响碳排放的主要因素之一。

第四，在 2030 年郑州市土地利用自然发展情景模拟下，耕地减少超过 10%，生态用地碳汇量大幅度减少，同时，建设用地扩张性较强，增加约 22%，对林地、草地等生态用地占用较多。耕地保护情景下，耕地面积得到有效保护，建设用地的扩张也得到一定的限制，但是林地、草地等生态用地牺牲较多，整体碳汇呈下降趋势。

第五，通过对郑州市土地利用结构进行低碳优化，耕地的下降趋势得到控制，且有效限制了建设用地的无序扩张，其碳排放量直线降低；碳汇能力较高的林地得到较好保护，面积有一定增长；林地碳汇量呈上升趋势，土地利用的净碳排放量下降最多。

6.5 对策与建议

本章基于 2000—2020 年郑州市土地利用结构转移变化，分析其碳排放变化趋势，通过不同情景的模拟对土地利用结构进行优化调整，为郑州市低碳可持续发展提供参考建议。本章研究可能的创新点主要有：①在核算建设用地碳排放时，考虑了人类呼吸和能源消耗两个方面，既体现出城市发展过程中人口聚集程度的变化，又体现出产业发展中能源结构的调整变化，与实际发展更接近；②当前对耕地作为碳源/碳汇的研究存在分歧，本章利用净碳汇法核算了郑州市耕地的碳排放，明确了耕地的碳汇作用，强化了耕地对低碳发展的正向影响；③在建设用地碳排放研究中，本章从能源的角度分析其碳排放的变化趋势，探讨土地利用碳排放变化的主导因素。

通过对本章研究的总结，发现还存在一些不足之处，可以在未来研究中进一步完善和优化：①由于数据的限制，在进行土地利用情景模拟过程中驱动因子只选择了9种，但在实际土地利用变化中影响因素远不止这些，若能针对性地添加相应的驱动因子，不断地调整优化，模拟精度将会更好；②在利用FLUS模型进行模拟时，不同情景的部分参数主要参考已有研究和郑州市土地利用现状变化进行调整，存在一定的主观性，若能结合研究区的发展规划更加精细地调控，并使用相应的模型方法确定参数，将使优化结果更加科学合理。

对郑州市土地利用结构变化及碳排放的研究发现，由于城市化和工业化的快速发展，建设用地加速扩张，占用了部分耕地、林地等生态用地，对生态环境保护起到了负向作用，且扩张态势没有得到有效控制，土地利用结构和空间布局中存在很多不合理现象。本书从郑州市土地利用的问题现状出发，通过分析土地利用变化的发展规律，结合郑州市的发展需求和规划方向，利用不同情景下土地利用模拟结果，探讨低碳土地利用优化的最优结果，为促进郑州市土地利用结构的优化调整和低碳可持续发展提出以下建议。

6.5.1 加强耕地保护，守牢耕地红线

在城市发展过程中，建设用地加速扩张，导致周边农田被占用。耕地作为郑州市主要土地类型之一，具有重要的粮食安全保障作用，且是主要的碳汇来源。因此，在郑州市低碳发展方向的引导下，应统筹经济社会发展和耕地面积保护，出台相应政策积极对高标准农田及优质农田进行保

护，限制耕地向建设用地的转移，守牢耕地保护红线。

6.5.2 推进产业转型，调整能源结构

建设用地碳排放是土地利用碳排放的主要来源，而能源碳排放占建设用地碳排放的 90%，是影响土地利用碳排放变化的主要因素。在郑州市未来发展中，应积极推进产业转型升级和能源结构调整，加强老旧城区的改造，集中布局工矿企业，合理规划产业布局，倡导发展低碳环保产业，减少对化石能源的依赖性，推动新能源产业的创新发展，助力实现经济更好、更快发展。

6.5.3 推广新型耕种技术，发展低碳高效农业

耕地是郑州市土地利用碳汇的主要来源，且面积占比最大，具有很大的碳汇提升空间。郑州市在做好耕地保护的基础上，应积极探索新型种植技术，严格控制化肥、农药等农用物资的使用，在保障生产的基础上减少耕地的碳排放量。同时，引进和推广先进的耕种技术，不断提升经济作物的产量，进而优化耕地的碳汇能力。

6.5.4 严防建设用地无序扩张，强化土地集约高效利用

随着城市经济的快速发展，建设用地不断扩张，且在对经济高速增长的追求下这种扩张态势愈演愈烈，导致耕地、林地等生态用地被大量占用，土地利用结构朝着不合理方向发展，存在土地过度扩张、利用率低等问题。因此，在郑州市城市未来规划管理中，应严格控制建设用地的扩张，完善信息化管理，提高老旧城区的利用率；兴建标准化工业园区，提高园区的密集度和利用率；注重生态建设和环境保护，限制生态用地向建设用地转换，不断优化土地利用结构，实现土地的集约高效利用。

第7章

郑州市低碳生态城建设水平评估

7.1 郑州市低碳生态城建设指标体系构建

7.1.1 评价指标体系构建原则

基于前人研究，要构建一个具有严密逻辑性的评价指标体系必须以一定的原则和标准作为目标方向与约束条件，本章从低碳生态耦合的角度出发，主要参考与低碳、生态、低碳生态等相关的研究，紧密结合本书的理论基础，明晰了本书指标体系构建应遵循的六大原则。

（1）科学性

遵循科学性原则是进行一切研究必须具备的先决条件。为此，评价指标体系的构建应把握好以下两个方面：一方面，要选择基本涵盖低碳生态城市各方面的指标，避免指标的重复，全面反映低碳生态城市的建设状况；另一方面，评价体系的制定要以完整、客观、正确的低碳、经济、生态等相关理论为基础，采用科学的定义和科学的计算及数据处理方法确定指标权重或系数，并保证指标权重或系数的科学性，从而保证评分结果的准确性。

（2）可行性

评价指标体系设计的落脚点在指标体系的切实可行，因此，在确保评价指标体系的可操作性方面应做到以下三点：第一，指标的选择要恰当。

由于各地区低碳生态城市的建设路径不同，指标应着眼于郑州市的实际发展情况，抓住关键点，依据问题清单提出有效的解决方案。第二，指标的制定需要注重实践。低碳生态城市尚处于试点阶段，相关数据和统计口径尚未形成统一标准，可能导致统计的不确定性，影响评价结果的科学性。而郑州为非试点城市，其研究需要更具全面性和可行性。因此，在设计评价指标时，应努力选择合理、可行的指标。第三，指标的设计要合理。指标体系既要强调科学性和实用性，又要强调区域的特殊性，应根据当地的实际情况进行合理选择，既便于工作的有序展开，又进一步强化指标体系的客观科学性。

（3）系统性

低碳生态城市是一个高度复杂、开放的综合系统，涵盖社会发展、经济增长、生态环境、自然资源、交通建筑、生态文化等各方面。因此，一个完整的低碳生态城市建设评价指标体系必须能全面包含和反映低碳生态城市的整体特征。利用低碳生态城市建设评价指标体系进行实证分析时，应以系统论思想为指导，从系统角度出发，将与低碳经济、低碳社会、低碳文化和低碳生态城市相关的一系列指标有机地联系起来，各指标之间应该遵循一定的逻辑性和规律性，既要避免评价指标过于冗杂，又要避免由于指标过少带来的遗漏和缺失，争取建立一个有代表性的评价指标体系。

（4）层次性

低碳生态城市涵盖多个子系统，每个系统都代表着不同的方面，具备着不同的特征，发挥着不同的作用，因此，在构建指标体系时应充分体现层次性，避免子系统出现交叉混乱的情况。同时，选取和筛选出的单个指标不可能反映整个低碳生态城市的多方面特征，因此有必要根据指标的从属特征细化指标间的层次顺序，使每个评价指标都能反映系统中最主要的成分变量；在完整表达评价对象特征和性质的同时，做好指标体系层次的精简，简化评价过程，消除指标间的相容性，保障各项指标意义体现层次。

（5）动态性

指标体系的动态性是构建低碳生态城市评价指标体系的基本属性。保证指标体系的动态性，需要考虑以下几个方面：其一，随着城市经济、社会、环境等因素的时空变化，原有的指标可能无法很好地反映城市发展的低碳生态化水平和演变趋势，因此就需要对指标体系进行更新和调整，以适应城市发展的变化；其二，指标体系构建应该注重数据的可获取性、实用性，同时，也要兼顾指标的代表性，做到全面反映城市生态、环保、排放等方面的情况；其三，对指标体系的评估和监测，需要建立有效的反馈机制，及时掌握城市低碳生态城建设的实时动态，合理修正和改进指标体系；其四，评价指标体系应具有前瞻性，既注重当前的影响，又要考虑城市未来发展的需求，以提供更具参考性的决策支持。

（6）可比性

一套有效的评价指标体系一定是适应城市发展需要的，也就是说，低碳生态城市建设评价指标体系的构建应当注重评价对象的动态发展和评价对象之间的可比性，即兼具可比性和动态性特征，二者是相辅相成、有机结合的关系。低碳生态城市建设进程的不断变化和动态调整，对指标体系的稳定性和可比性提出了更高要求。评价对象的多样性、差异性和地域性决定了具体评价指标与指标体系的构建应该在一定时期内，在含义、范围和方法等方面保持相对稳定。此外，在评价对象的确定上要注重城市之间的可比性，确保评价结果在横向的不同地区之间和纵向的不同年份之间进行比较，说明低碳生态城市建设水平的不均衡性，确保指标体系的可推广性和可应用性。

7.1.2 评价指标体系构建思路

构建低碳生态城市建设评价指标体系的总体思想是以可持续发展为总指导，以“以人为本”理念为总原则，以生态文明理论、循环经济理论、城市生态学理论和城市生态经济学理论为支撑，以推动生态文明建设为根本目标，并在构建低碳生态城市建设评价指标体系的同时将其贯穿始终。构建低碳生态城市建设评价指标体系的主要流程见图 7-1。

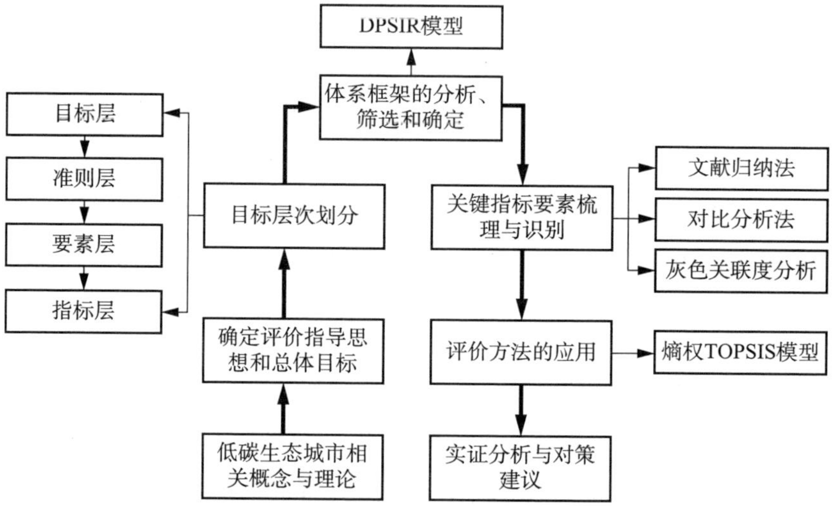

图 7-1　构建低碳生态城市建设评价指标体系的主要流程

（1）指标体系框架比较

低碳生态城市的发展是一个复杂、动态的综合发展过程，会受到多重因素的制约，因此，只有尽可能全面地考虑各项指标要素，做到充分梳理和准确识别，才能建立起一套科学合理的低碳生态城市建设评价指标体系，才能有针对性地对影响要素进行宏观调控，进而探索出低碳生态城市建设的关键路径。当前国内外研究与“低碳”“生态”“低碳生态”“可持续发展”等关键词有高度关联的评价指标体系众多，这为本书指标体系的构建提供了强大的理论支撑。因此，通过文献归纳法和对比分析法对收集整理到的指标体系进行梳理，以期为构建低碳生态城市建设水平测度的指标体系提供严格的科学基础和逻辑依据。

国外对选取低碳生态城市评价指标的探讨尚未形成统一，目前还在研究阶段，并无绝对公认的标准。每套指标体系的构建应充分结合各国的国情和实际情况，若直接将评价指标移植和扩展到我国低碳生态城市的指标构建上则并不现实。我国在低碳生态城市建设方面也做了不少努力，并取得了显著成就。因此，本书总结梳理了我国有关部委和一些低碳试点城市发布的指标体系，为本书指标体系的构建进一步夯实工作基础（见附录）。国内外相关指标体系见表 7-1、表 7-2。

表 7-1　国外相关指标体系

名称	机构	框架	指标数量（个）
联合国可持续发展指标体系	联合国可持续发展委员会	驱动力指标、状态指标、响应指标	35
亚洲绿色城市指标体系	经济学人智库和西门子公司	二氧化碳和能源、建筑物和土地利用、交通运输、废弃物、水资源、环境卫生、空气质量、环境治理	29
可持续发展能源指标体系	国际原子能机构	社会（公平、健康）、经济（能源利用和生产方式、能源安全）、环境（大气、水、土壤）	30
全球城市指标体系	城市指标基金组织	城市服务（教育、能源、财政、消防与突发事件应对、政府管理、卫生、娱乐、安全、社会服务、固体废物、交通运输、城市规划、污水、供水）、生活质量（文化、经济、环境、住房、社会公平、主观幸福感、技术与创新）	40
西雅图可持续发展社区指标体系	美国国家环保局	环境、人口与资源、经济、青少年与教育、健康与社区	40
低碳发展指标	英国查塔姆研究所与中国社会科学院	低碳生产力、低碳消费、低碳资源和低碳政策	12

表 7-2 国内相关指标体系

名称	框架	指标数量（个）
生态县、生态市、生态省建设指标（试行）	经济发展、生态环境保护、社会进步	36
中国低碳生态城市指标体系	资源节约、环境友好、经济持续、社会和谐	30
深圳低碳生态城市指标体系	经济转型、环境优化、城市宜居、社会和谐、示范创新	37
中新天津低碳生态城市指标体系	自然环境良好、城市环境健康平衡、良好生活习惯、综合基础设施、健全管理机制、智慧高效管理、促进技术创新、产城融合	30
中国人居环境奖评价指标体系	居住环境、生态环境、社会和谐、公共安全、经济发展、资源节约	62
重庆市绿色低碳生态城区评价指标体系	土地利用及空间、能源与建筑、资源与环境、交通、产业、城市运营管理	59
生态现代化指数	生态进步、经济生态化、社会生态化	30
生态城市指标体系	生态环境健康、经济持续发展、社会和谐进步	31
贵阳市生态城市指标体系	生态经济、生态环境、民生改善、基础设施、生态文化、廉洁高效	33
国家生态园林城市标准	城市生态环境、城市生活环境、城市基础设施	19
2009—2020 年中国低碳生态城市发展战略目标	经济、社会、环境	26
循环经济发展评价指标体系	综合指标、专项指标、参考指标	17
无锡太湖新城国家低碳生态城示范区规划指标体系	城市功能、绿色交通、能源与资源、生态环境、绿色建筑、社会和谐	62
北京市低碳社区评价指标体系	社区居民碳排放水平、社区能源使用、社区水资源利用、社区建筑、社区固体废弃物处理、社区公共设施建设、社区公众参与、社区治理	23
城市总体规划指标体系	经济指标、社会人文指标、资源指标、环境指标	24
绿色生态城市建设指标体系	综合指标、绿色规划引领、绿色城市建设、城市智慧管理、绿色生活倡导	36

要素框架实质上是指影响该目标实现或成功的主要因素。探索新时代低碳生态城市建设评价指标体系的要素框架，实际上就是精准识别影响低碳生态城市建设和发展的关键因素，通过上述对国内外评价指标体系的要素框架进行汇总和比较，我们可以更直观地了解目前国内外低碳生态城市相关的评价指标体系在要素框架构建上的偏好。

综上所述，为了便于构建本书评价指标体系的逻辑结构，也从 DPSIR 模型的逻辑分析框架出发，对国内外相关的各类评价指标框架进行归类，具体见表 7-3。通过对国内外相关文献的梳理发现，评价框架基本上是围绕表 7-3 中 10 个框架进行体系设计的，其核心思想的落脚点都是城市的可持续发展，尽管极少数评价指标体系根据其自身评价对象的独特性做了扩充和具体化的工作，但是总体思路还是围绕表 7-3 中 10 个框架维度进行的，对新时代低碳生态城市建设评价指标体系的开发提供了建设性意见。

表 7-3 低碳生态城市建设评价框架内容

目标层	驱动力（Driving）		压力（Press）		状态（State）		影响（Impact）		响应（Response）	
序号	1	2	3	4	5	6	7	8	9	10
准则层	经济持续	城市建设	能源消耗	污染治理	产业结构	环境质量	资源配置	人口状况	绿色出行	社会进步

（2）指标体系内容比较

在进行指标体系内容比较、建立指标库之前，选取具有典型性的指标体系进行分类汇总、比较分析具有重要意义。为突出分析的针对性、结果的有效性，便于各类指标数据库指标要素的对比分析，本节按照表 7-3 所示的 10 个准则层面对国内外指标体系的内容进行归类、比较。国际方面选择《联合国可持续发展指标体系》《亚洲绿色城市指标体系》《全球城市指标体系》，对国际上的指标体系从内容上进行剖析（见表 7-4）。国内则从两个方面着手进行对比分析：一是由国家发展改革委、环保部门等机构组织发布的指标体系，包括《生态县、生态市、生态省建设指标（试行）》《中国低碳生态城市指标体系》《中国低碳城市建设指标体系》《中国人居环境奖评价指标体系》《绿色生态城市建设指标体系》（见表 7-5）；二是选择我国主要低碳生态试点城市发布的指标体系，包括《深圳低碳生态城市指标体系》《中新天津低碳生态城市指标体系》《曹妃甸低碳生态城市指标体系》《无锡太湖新城国家低碳生态城示范区规划指标体系》（见表 7-6）。

表 7-4　国外主要相关指标体系对比

准则层	体系名称		
	联合国可持续发展指标体系	亚洲绿色城市指标体系	全球城市指标体系
经济持续	人均实际 GDP 增长率	—	—
	科研费用占 GDP 比率		
	环保投资占 GDP 比率		
城市建设	—	人均公共绿地面积	所有权已有归属地块所占比例
能源消耗	人均能源消费量	单位 GDP 能源消耗	可再生能源占比
	人均水消费量	人均 CO_2 排放量	能源总用量指数
	大气污染物排放量	城市人均废弃物产生量	每户各类型能源用量
污染治理	垃圾处理率	废弃物回收和利用政策	—
	人均垃圾处理量	废水处理率	
产业结构	农药化肥使用强度	—	商业/工业占 GDP 的比重
环境质量	植被指数	NO_2 浓度	可吸入颗粒物超标天数
		SO_2 浓度	
		悬浮颗粒物浓度	
资源配置	—	—	—
人口状况	人口净增长率	人口密度	—
	人口出生率		
	人口密度		
绿色出行	—	城市公共交通政策	—
社会进步	—	—	—

表 7-5 国家部委主要相关指标体系对比

<table>
<tr><th rowspan="2">准则层</th><th colspan="5">名称</th></tr>
<tr><th>生态县、生态市、生态省建设指标（试行）</th><th>中国低碳生态城市指标体系</th><th>中国低碳城市建设指标体系</th><th>中国人居环境奖评价指标体系</th><th>绿色生态城市建设指标体系</th></tr>
<tr><td rowspan="3">经济持续</td><td>人均 GDP</td><td>城镇登记失业率</td><td rowspan="3">环境污染治理投资占同级财政支出比重</td><td>城镇居民人均可支配收入</td><td rowspan="3">—</td></tr>
<tr><td>农民年人均纯收入</td><td>城乡居民收入比</td><td>城镇登记失业率</td></tr>
<tr><td>城镇居民年人均可支配收入</td><td>研究与试验发展经费支出占 GDP 比重</td><td>城市市政公共设施建设资金投入比重</td></tr>
<tr><td rowspan="4">城市建设</td><td rowspan="4">城市化水平</td><td rowspan="3">人均建设用地面积</td><td rowspan="3">人均公共绿地面积</td><td rowspan="2">城市燃气普及率</td><td>人均建设用地面积</td></tr>
<tr><td>路网密度</td></tr>
<tr><td>城市绿化覆盖率</td><td>人均公园绿地面积</td></tr>
<tr><td>绿色建筑比例</td><td>绿色建筑占比</td><td>城市人均公园绿地面积</td><td>城市建成区绿化覆盖率</td></tr>
<tr><td rowspan="4">能源消耗</td><td rowspan="4">主要污染物排放强度</td><td rowspan="2">单位 GDPCO_2 排放量</td><td>单位 GDPCO_2 排放量</td><td rowspan="4">单位 GDP 能耗</td><td rowspan="4">单位 GDP 用水量</td></tr>
<tr><td>单位 GDP 能耗</td></tr>
<tr><td rowspan="2">单位 GDP 能耗</td><td>单位工业增加值能耗</td></tr>
<tr><td>人均碳排放</td></tr>
<tr><td rowspan="6">污染治理</td><td rowspan="6">—</td><td rowspan="2">工业用水重复利用率</td><td>SO_2 排放总量减少比例</td><td rowspan="3">城市生活污水处理</td><td rowspan="3">城市垃圾处理</td></tr>
<tr><td>COD 排放总量减少比例</td></tr>
<tr><td rowspan="2">生活垃圾资源化利用率</td><td>工业固体废物综合利用率</td></tr>
<tr><td>生活垃圾无害化处理率</td><td rowspan="3">城市生活垃圾处理</td><td rowspan="3">城市污水处理</td></tr>
<tr><td rowspan="2">工业固体废物综合利用率</td><td>工业废水达标处理率</td></tr>
<tr><td>城市污水处理率</td></tr>
<tr><td rowspan="2">产业结构</td><td>环保产业比重</td><td rowspan="2">第三产业增加值占 GDP 比重</td><td rowspan="2">—</td><td rowspan="2">第三产业增加值占 GDP 比重</td><td rowspan="2">—</td></tr>
<tr><td>第三产业占 GDP 比重</td></tr>
</table>

续表

准则层	名称				
	生态县、生态市、生态省建设指标（试行）	中国低碳生态城市指标体系	中国低碳城市建设指标体系	中国人居环境奖评价指标体系	绿色生态城市建设指标体系
环境质量	森林覆盖率	空气质量优良天数	森林覆盖率	城市空气质量	空气质量达标天数
	物种多样性指数	$PM_{2.5}$日浓度达标天数	空气质量达到及好于二级的天数比例	城市地表水环境质量	
	空气环境质量			城市区域噪声平均值	
资源配置	—	公园绿地 500m 服务半径覆盖率	—	人均拥有卫生服务中心（站）数量	公园绿地服务半径覆盖率
		人均社会公共服务设施用地面积		万人拥有医院床位数	公共交通服务设施
				万人拥有公共图书馆图书数量	
人口状况	人口自然增长率	—	—	城市人口密度	—
绿色出行	—	绿色交通出行分担率	公共交通里程	公共交通出行分担率	—
社会进步	恩格尔系数	恩格尔系数	—	—	绿色建材比例
	基尼系数	保障性住房覆盖率			

表 7-6　我国主要低碳生态试点城市评价指标体系对比

准则层	名称			
	深圳低碳生态城市指标体系	中新天津低碳生态城市指标体系	曹妃甸低碳生态城市指标体系	无锡太湖新城国家低碳生态城示范区规划指标体系
经济持续	全社会研发支出占 GDP 比重	—	城镇居民年人均可支配收入	—
	低碳技术研发平台		环境保护投资占 GDP 比重	
城市建设	城市绿化率	绿色建筑占比	城镇人均公共绿地面积	建设用地综合容积率
	建成区透水性地面面积比率			公共活动中心地下空间综合开发度
	人均建设用地面积			人均公共绿地建成区绿地率

续表

准则层	名称			
	深圳低碳生态城市指标体系	中新天津低碳生态城市指标体系	曹妃甸低碳生态城市指标体系	无锡太湖新城国家低碳生态城示范区规划指标体系
能源消耗	非化石能源占一次能源消费比重	人均日用水量	单位 GDP 水耗	单位建筑面积能耗
				可再生能源比例
	单位 GDP 能耗	人均生活垃圾日产量	单位 GDP 能耗	日人均生活水耗
				日人均生活垃圾排放量
	单位 GDP 水耗	可再生能源使用率	COD 排放强度	单位 GDP 能耗
				单位 GDP 水耗
	人均生活消费碳排放	单位 GDP 排放	交通 CO_2 排放量	单位 GDP 碳排放量
污染治理	—	综合回收率	城镇生活污水集中处理率	城市污水处理率
				工业废水排放达标率
		废水回用率	城镇生活垃圾无害化处理率	生活垃圾分类收集率
				垃圾回收再利用率
				生活垃圾无害化处理率
产业结构	现代服务业占 GDP 比重	企业创新活跃率	第三产业占比	通过 ISO 14001 认证的企业比例
	单位工业用地增加值			
环境质量	森林覆盖率	环境空气质量（$PM_{2.5}$）	水环境质量	空气质量好于或等于二级标准的天数
	灰霾天数	水体质量	空气环境质量	地表水环境质量
		噪声污染等级	噪声环境质量	环境噪声达标区覆盖率
	地表水功能区水质达标率	原生植被指数	综合物种指数	湿地、水系比例植林率
		热岛效应强度		
		湿地保护率		本地植物指数
资源配置	人均公共服务设施用地面积	公园绿地 5 分钟步行可达半径	每千人拥有医院床位数	500 米范围内可达公交站点比例
	日常公共服务设施步行可达覆盖率	康乐和体育设施距离	义务教育普及率	
			500 米公交站点覆盖率	

续表

准则层	名称			
	深圳低碳生态城市指标体系	中新天津低碳生态城市指标体系	曹妃甸低碳生态城市指标体系	无锡太湖新城国家低碳生态城示范区规划指标体系
人口状况	—	研发劳动力	外籍常住人口占比 每万人高等院校在校生人数 就业人口中科研人员比例	—
绿色出行	绿道网长度 林荫路达标率 公共交通占机动化出行分担率 新能源公交汽车保有量	绿色出行占比	使用公共出行占当地交通份额数	清洁能源公共交通工具的比例 慢性交通路网密度 慢行道路的遮阴率
社会进步	—	居民生活满意度 社会保障覆盖面 就业住房均衡指数	—	就业住房均衡指数 公众对环境和社会服务的满意度

国外低碳生态城市评价指标体系的内容大多聚焦于经济、资源和环境三个方面，对本书的指标体系构建内容梳理借鉴有限，而国内相关部委和低碳生态试点城市发布的指标体系很好地弥补了国外指标体系的不足之处。因此，本书在进行指标选取时以国内相关指标体系为主，以国外评价指标体系为辅。从本章指标体系的十大要素层来看，经济持续、城市建设、能源消耗、污染治理、环境质量、资源配置以及绿色出行七大关键要素的指标具有数量众多、丰富度高、空间数据与统计数据兼顾的特点；而产业结构、人口状况和社会进步三大关键要素的指标涵盖面较为局限，指标的种类也相对较少，但这并不影响指标的筛选和选取，因为低碳生态城市建设水平的评价归根结底就是对低碳水平和生态水平进行综合评价，只要确保指标体系最核心的部分具有充分的参考依据即可。

7.1.3 评价指标体系构建结果

对国内外主要指标体系的内容进行梳理，可以为构建评价参考指标库打下坚实基础。因此，本书在上述工作的基础上，进行指标要素的归类整理时秉承着代表性、权威性、比较性、可获得性、频次高等原则，科学构建评价参考指标库，共 80 项指标，具体见表 7-7。

表 7-7 低碳生态城市建设评价参考指标库

准则层	指标层	单位
经济持续	人均 GDP（X1）	元/人
	农民年人均纯收入（X2）	元/人
	农村居民年人均可支配收入（X3）	元/人
	城镇居民年人均可支配收入（X4）	元/人
	城乡居民收入比（X5）	—
	研究与试验发展经费支出占 GDP 比重（X6）	%
	城镇登记失业率（X7）	%
	城市市政公共设施建设资金投入比重（X8）	—
	环境保护投资占 GDP 比重（X9）	—
城市建设	人均公共绿地面积（X10）	平方米/人
	城市化水平（X11）	%
	人均建设用地面积（X12）	平方米/人
	绿色建筑比例（X13）	%
	路网密度（X14）	千米/平方千米
	城市建成区绿化覆盖率（X15）	%
	城市燃气普及率（X16）	%
	城市绿化覆盖率（X17）	%
	建成区透水性地面面积比率（X18）	%
	建设用地综合容积率（X19）	%
能源消耗	单位 GDP 能耗（X20）	吨标煤/万元
	单位 GDP 水耗（X21）	立方米/万元
	人均日用水量（X22）	升

续表

准则层	指标层	单位
能源消耗	人均生活垃圾日产量（X23）	吨
	化学需氧量（COD）排放强度（X24）	毫克/升
	交通 CO_2 排放量（X25）	吨
	可再生能源比例（X26）	%
	单位 GDP CO_2 排放量（X27）	吨/万元
	单位工业增加值能耗（X28）	吨标煤/万元
	人均碳排放（X29）	吨/人
污染治理	废弃物回收和利用政策（X30）	—
	工业用水重复利用率（X31）	%
	生活垃圾资源化利用率（X32）	%
	工业固体废物综合利用率（X33）	%
	工业废水达标处理率（X34）	%
	城镇生活污水集中处理率（X35）	%
	城镇生活垃圾无害化处理率（X36）	%
	污水处理率（X37）	%
	生活垃圾分类收集率（X38）	%
产业结构	单位工业用地增加值（X39）	万元/亩
	企业创新活跃率（X40）	%
	通过 ISO 14001 认证的企业比例（X41）	%
	环保产业比重（X42）	%
	第三产业占 GDP 比重（X43）	%
	农药化肥使用强度（X44）	千克/公顷
环境质量	NO_2 浓度（X45）	微克/立方米
	SO_2 浓度（X46）	微克/立方米
	悬浮颗粒物浓度（X47）	微克/立方米
	森林覆盖率（X48）	%
	物种多样性指数（X49）	—
	$PM_{2.5}$日浓度达标天数（X50）	天
	空气质量达到及好于二级的天数比例（X51）	%
	城市地表水环境质量（X52）	—
	噪声污染等级（X53）	—

续表

准则层	指标层	单位
环境质量	热岛效应强度（X54）	℃
	环境噪声达标区覆盖率（X55）	%
	湿地、水系比例（X56）	%
资源配置	人均公共服务设施用地面积（X57）	平方米/人
	义务教育普及率（X58）	%
	500 米范围内可达公交站点比例（X59）	%
	公园绿地 500 米服务半径覆盖率（X60）	%
	人均拥有卫生服务中心（站）数量（X61）	个
	万人拥有医院床位数（X62）	张/万人
	万人拥有公共图书馆图书数量（X63）	个/万人
人口状况	人口出生率（X64）	%
	人口密度（X65）	人/平方千米
	人口自然增长率（X66）	%
	每万人高等院校在校生人数（X67）	人
	就业人口中科研人员比例（X68）	%
绿色出行	绿道网长度（X69）	千米
	新能源公交汽车保有量（X70）	辆
	清洁能源公共交通工具的比例（X71）	%
	公共交通里程（X72）	千米
	公共交通出行分担率（X73）	%
	城市公共交通政策（X74）	—
社会进步	恩格尔系数（X75）	%
	基尼系数（X76）	—
	保障性住房覆盖率（X77）	%
	社会保障覆盖面（X78）	%
	就业—住房均衡指数（X79）	—
	公众对环境和社会服务的满意度（X80）	—

为了进一步增强指标体系的逻辑性，确保其有效性，选择灰色关联度分析方法对指标之间的关联度进行检验。针对指标数据库（见表 7-7）中的 80 个指标进行定性和定量的划分，同时，避免相近指标的重叠选取，再以数据

的时间连续度和数据的可获得性为主要原则，同时，结合研究区的地方特征，收集了 40 个指标的数据进行关联度分析。通过对收集整理好的 40 项指标数据进行关联度检验，筛选出关联度高于 0.5 的指标，将关联度低于 0.5 的指标予以剔除，从而最终选择了 34 个指标构建了数据驱动下的郑州低碳生态城建设评价指标体系（见表 7-8），其指标关联度检验结果见表 7-9。

表 7-8　郑州低碳生态城建设评价指标体系

准则层	要素层	序号	指标层	指标属性	单位
驱动力	经济持续	1	城镇居民人均可支配收入	正向	元
		2	规模以上工业企业 R&D 经费占 GDP 比重	正向	%
		3	节能环保支出占 GDP 比重	正向	%
	城市建设	4	人均城市建设用地面积	逆向	平方米
		5	建成区绿化覆盖率	正向	%
		6	人均公园绿地面积	正向	平方米
		7	人均拥有道路面积	正向	平方米
压力	能源消耗	8	单位 GDP 能耗	逆向	吨标煤/万元
		9	人均日生活用水量	逆向	升
		10	人均碳排放	逆向	吨/人
		11	单位 GDP CO_2 排放量	逆向	吨/万元
	污染治理	12	污水处理率	正向	%
		13	工业固体废物综合利用率	正向	%
		14	生活垃圾无害化处理率	正向	%
		15	工业废气达标排放率	正向	%
状态	产业结构	16	单位工业用地增加值	正向	元/平方米
		17	第三产业占 GDP 比重	正向	%
		18	化肥使用强度	逆向	公斤/公顷
	环境质量	19	NO_2 浓度	逆向	微克/立方米
		20	SO_2 浓度	逆向	微克/立方米
		21	城市区域环境噪声监测等效声级	正向	dB（A）
		22	空气质量达到及好于二级的天数	正向	天

续表

准则层	要素层	序号	指标层	指标属性	单位
影响	资源配置	23	人均公共服务设施用地	正向	平方米/人
		24	万人拥有医院床位数	正向	张/万人
		25	万人拥有公共图书数量	正向	千册/万人
	人口状况	26	人口密度	逆向	人/平方公里
		27	每万人高等学校在校生人数	正向	人/万人
		28	就业人口中R&D人员比例	正向	%
响应	绿色出行	29	公共交通客运量	正向	万人次
		30	新能源汽车	正向	辆
		31	每万人拥有公共交通车辆	正向	标台
	社会进步	32	城镇居民家庭恩格尔系数	逆向	%
		33	社会保障覆盖率	正向	%
		34	保障性住房覆盖率	正向	%

表7-9 郑州低碳生态城建设评价指标体系指标关联度检验结果

准则层	要素层	序号	指标层	关联度
驱动力	经济持续	1	城镇居民人均可支配收入	0.766
		2	规模以上工业企业R&D经费占GDP比重	0.892
		3	节能环保支出占GDP比重	0.587
	城市建设	4	人均城市建设用地面积	0.845
		5	建成区绿化覆盖率	0.887
		6	人均公园绿地面积	0.663
		7	人均拥有道路面积	0.791
压力	能源消耗	8	单位GDP能耗	0.697
		9	人均日生活用水量	0.781
		10	人均碳排放	0.759
		11	单位GDP CO_2 排放量	0.939
	污染治理	12	污水处理率	0.887
		13	工业固体废物综合利用率	0.900
		14	生活垃圾无害化处理率	0.939
		15	工业废气达标排放率	0.874

续表

准则层	要素层	序号	指标层	关联度
状态	产业结构	16	单位工业用地增加值	0.834
		17	第三产业占 GDP 比重	0.944
		18	化肥使用强度	0.900
	环境质量	19	NO_2 浓度	0.655
		20	SO_2 浓度	0.936
		21	城市区域环境噪声监测等效声级	0.715
		22	空气质量达到及好于二级的天数	0.842
影响	资源配置	23	人均公共服务设施用地	0.812
		24	万人拥有医院床位数	0.894
		25	万人拥有公共图书数量	0.868
	人口状况	26	人口密度	0.853
		27	每万人高等学校在校生人数	0.755
		28	就业人口中 R&D 人员比例	0.936
响应	绿色出行	29	公共交通客运量	0.575
		30	新能源汽车	0.884
		31	每万人拥有公共交通车辆	0.907
	社会进步	32	城镇居民家庭恩格尔系数	0.861
		33	社会保障覆盖率	0.734
		34	保障性住房覆盖率	0.766

根据灰色关联度分析的结果，关联度达到 0.900 及以上的指标有 8 项，在 0.800~0.899 闭区间的指标有 13 项，在 0.700~0.799 闭区间的指标有 8 项，在 0.500~0.699 闭区间的指标有 5 项，最终筛选出的指标大多集中在 0.700~0.899 内，与本书的参考数据列（人均碳排放）之间有着很高的关联度，且在本书低于 0.500 进行指标剔除的标准下，表明 34 项指标与本书构建的指标体系贴合度较好。

前文在对 DPSIR 模型进行介绍时，阐述了“驱动力”“压力”“状态”“影响”“响应”五大子系统反映的城市建设过程中的各方面，对本书各项指标的选取进行进一步补充说明有助于增强本书指标体系构建的逻辑性。

各子系统具体指标选取阐述如下：

“驱动力”子系统包含经济持续和城市建设两个要素层。在经济持续的关键要素下筛选出城镇居民人均可支配收入（元）、规模以上工业企业R&D经费占GDP比重（%）、节能环保支出占GDP比重（%）3项测量指标，这3项指标能反映生活水平、工业企业和环保方面的投入力度，是衡量城市经济是否能实现可持续发展的重要标尺；在城市建设的关键要素下筛选出人均城市建设用地面积（平方米）、建成区绿化覆盖率（%）、人均公园绿地面积（平方米）、人均拥有道路面积（平方米）4项测量指标，这4项指标能很好地体现城市建设模式的绿色化、生态化、现代化水平。

“压力”子系统由能源消耗和污染治理两个要素层组成。在能源消耗的关键要素下筛选出单位GDP能耗（吨标煤/万元）、人均日生活用水量（升）、人均碳排放（吨/人）、单位GDP CO_2 排放量（吨/万元）4项测量指标，主要反映低碳生态城市建设过程中的资源和能源消耗情况；而在城市发展进程中衡量污染物的控制情况也尤为重要，因此，在污染治理关键要素下筛选出污水处理率（%）、工业固体废物综合利用率（%）、生活垃圾无害化处理率（%）、工业废气达标排放率（%）4项测量指标作为污染治理要素层的表征。

“状态”子系统由产业结构和环境质量两个要素层构成。在产业结构这一关键要素的测量指标选取过程中，主要思路是既尽可能涵盖农业、工业和服务业三大产业，又能体现经济、生态的理念，因此，筛选出单位工业用地增加值（元/平方米）、第三产业占GDP比重（%）、化肥使用强度（公斤/公顷）3项测量指标；在环境质量这一关键要素的指标筛选过程中，将空气质量作为反映城市环境质量的主要载体，选取了 NO_2 浓度（微克/立方米）、SO_2 浓度（微克/立方米）、城市区域环境噪声监测等效声级[dB（A）]、空气质量达到及好于二级的天数（天）4项测量指标。

“影响”子系统遵循“以人为本”的原则，因此从作用主体的角度出发，选择资源配置和人口状况两个部分作为表征的要素。在资源配置的关键要素下筛选出人均公共服务设施用地（平方米/人）、万人拥有医院床位数（张/万人）、万人拥有公共图书数量（千册/万人）3项测量指标，这3项指标能反映城市建设过程中的硬件设施配置情况；在人口状况这一关键要素进行指标筛选的过程中，本着能从人口结构的角度侧面反映城市发展的水平，选取了人口密度（人/平方公里）、每万人高等学校在校生人数（人/万人）、就业人口中R&D人员比例（%）3项测量指标。

“响应”子系统进行绿色出行和社会进步两大要素层确定时，主要是从社会层面进行考量的。倡导低碳出行方式是实现低碳生态城市建设的关键一环。因此，在绿色出行这一关键要素下筛选出了公共交通客运量（万人次）、新能源汽车（辆）、每万人拥有公共交通车辆（标台）3项测量指标；社会进步这一关键要素进行指标选取时是期望能反映公众对社会的满意度，但迫于该项指标难以获取和定量化，最终选择了3项测量指标，即城镇居民家庭恩格尔系数（%）、社会保障覆盖率（%）、保障性住房覆盖率（%）。

7.2 郑州市低碳生态城建设指标体系实证分析

7.2.1 基于熵权TOPSIS模型的计算

本书在对郑州低碳生态城建设评价指标体系34项指标进行归一化处理后，运用熵权法进行权重的计算，各指标的信息熵和权重以及要素层与准则层的权重计算具体结果见表7-10，各准则层权重由大到小排序为：驱动力>压力>状态>响应>影响。各要素层按权重值的大小进行排序为：城市建设>能源消耗>环境质量>污染治理>绿色出行>人口状况>经济持续>社会进步>资源配置>产业结构。

表 7-10 郑州低碳生态城建设评价指标体系权重赋值

准则层	要素层	指标层	信息熵	权重		
				指标层	要素层	准则层
驱动力	经济持续	城镇居民人均可支配收入	0.9028	0.0233	0.0823	0.2480
		规模以上工业企业 R&D 经费占 GDP 比重	0.9375	0.0150		
		节能环保支出占 GDP 比重	0.8166	0.0440		
	城市建设	人均城市建设用地面积	0.7580	0.0581	0.1657	
		建成区绿化覆盖率	0.9501	0.0120		
		人均公园绿地面积	0.7643	0.0565		
		人均拥有道路面积	0.8371	0.0391		
压力	能源消耗	单位 GDP 能耗	0.8598	0.0336	0.1208	0.2335
		人均日生活用水量	0.8669	0.0319		
		人均碳排放	0.8726	0.0306		
		单位 GDP CO_2 排放量	0.8972	0.0247		
	污染治理	污水处理率	0.8494	0.0361	0.1127	
		工业固体废物综合利用率	0.8874	0.0270		
		生活垃圾无害化处理率	0.9049	0.0228		
		工业废气达标排放率	0.8883	0.0268		
状态	产业结构	单位工业用地增加值	0.9219	0.0187	0.0674	0.1862
		第三产业占 GDP 比重	0.8562	0.0345		
		化肥使用强度	0.9407	0.0142		
	环境质量	NO_2 浓度	0.9372	0.0161	0.1188	
		SO_2 浓度	0.8646	0.0325		
		城市区域环境噪声监测等效声级	0.9340	0.0158		
		空气质量达到及好于二级的天数	0.7732	0.0544		
影响	资源配置	人均公共服务设施用地	0.8795	0.0289	0.0690	0.1542
		万人拥有医院床位数	0.9162	0.0201		
		万人拥有公共图书数量	0.9167	0.0200		
	人口状况	人口密度	0.9110	0.0214	0.0852	
		每万人高等学校在校生人数	0.8474	0.0366		
		就业人口中 R&D 人员比例	0.8865	0.0272		

续表

准则层	要素层	指标层	信息熵	权重		
				指标层	要素层	准则层
响应	绿色出行	公共交通客运量	0.9251	0.0180	0.0975	0.1780
		新能源汽车	0.8697	0.0313		
		每万人拥有公共交通车辆	0.7991	0.0482		
	社会进步	城镇居民家庭恩格尔系数	0.9026	0.0234	0.0805	
		社会保障覆盖率	0.8606	0.0334		
		保障性住房覆盖率	0.9012	0.0237		

本书结合评价指标体系中34项指标各自的权重，应用TOPSIS模型的方法计算出了2010—2020年郑州市低碳生态城建设发展综合指数 C_i，并根据 C_i 的值按时间顺序进行排序，具体测算结果见表7-11。2010—2020年郑州市低碳生态城建设水平总体呈上升趋势（见图7-2），具体而言，2010—2015年发展综合指数都处于0.4以下，低碳生态水平相对较低，2016年开始郑州低碳生态城建设发展综合指数首次超过0.4，而后持续走高，2018—2020年发展综合指数维持在0.6左右，郑州低碳生态城建设水平相对较为平稳。

表7-11　2010—2020年郑州市生态城建设水平TOPSIS模型计算结果

年份	正理想解距离 D_i^+	负理想解距离 D_i^-	发展综合指数 C_i	排序
2010	0.415	0.256	0.381	8
2011	0.403	0.254	0.387	6
2012	0.407	0.242	0.373	9
2013	0.410	0.205	0.333	11
2014	0.381	0.208	0.354	10
2015	0.357	0.221	0.383	7
2016	0.327	0.255	0.438	5
2017	0.273	0.308	0.530	4
2018	0.255	0.374	0.595	2
2019	0.257	0.393	0.604	1
2020	0.269	0.385	0.588	3

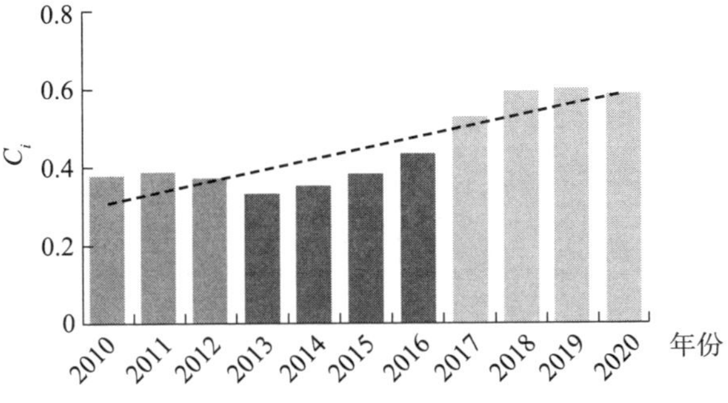

图 7-2　2010—2020 年郑州市低碳生态城建设发展综合指数

7.2.2　评价结果综合分析

衡量一个城市低碳生态建设的水平，离不开一个能综合全面反映城市低碳生态建设水平的指标体系。然而，大多指标体系立足于经济学的思维，但最能直观地反映城市低碳生态建设水平的还是生态本底。前文在构建评价指标体系时，以人均碳排放量作为参考序列进行指标的筛选，该项指标是对本书评价目的的反映，因此，本书通过分析城市在建设发展过程中碳排放量的变化趋势以及生态的发展状况作为评价的根本落脚点，从地理学的角度对郑州市低碳生态城建设水平进行评价分析。

为进一步分析郑州市低碳生态城建设水平的演变趋势及其内因，本书选择以 2010—2020 年各类型土地利用面积动态变化和历年土地利用碳收支为切入点，其中，通过耕地、林地、草地、未利用地和水域的碳汇功能表征其生态作用，并将这 5 类用地的碳汇量进行汇总作为土地利用的碳吸收量，建设用地则计算碳排放量。基于计算的结果，从碳收支的角度与郑州市低碳生态城建设发展综合指数相结合，进行评价结果综合分析。

笔者在大量阅读相关文献的基础上，发现大多数研究对于林地、草地、水域和未利用地具有碳吸收作用，建设用地具有碳排放作用意见一致，但对于耕地是碳源还是碳汇存在争议。通过净碳汇法同时核算农田生态系统的碳排放量和碳吸收量发现耕地是具有碳吸收作用的，因此在综合评价过程中将耕地作为碳汇进行计算，同时，对其他五大地类则采用碳排放系数法进行计算，具体计算结果见图 7-3。结果表明，2010—2020 年耕地的碳汇能力最强（见图 7-4），历年碳吸收量占比 80%左右；林地次之，其碳吸收量占比 15%左右；而水域的碳吸收量占比较小，约为 1.5%；草地的碳吸收量仅占 0.1%，碳汇能力不明显。此外，未利用地由于面积占比极小，碳汇作用也不强，因此其碳吸收量可忽略不计。总体而言，尽管 2010—2020 年碳吸收量呈增长态势，但由于建设用地的碳排放量过大，城市整体还是处于碳排放的状态，且碳排放量呈现出波动变化规律。

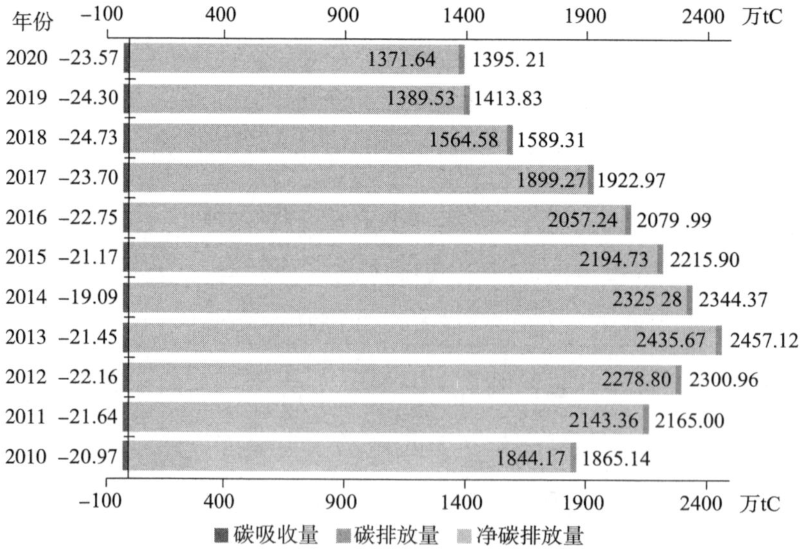

图 7-3　2010—2020 年郑州市土地利用碳收支

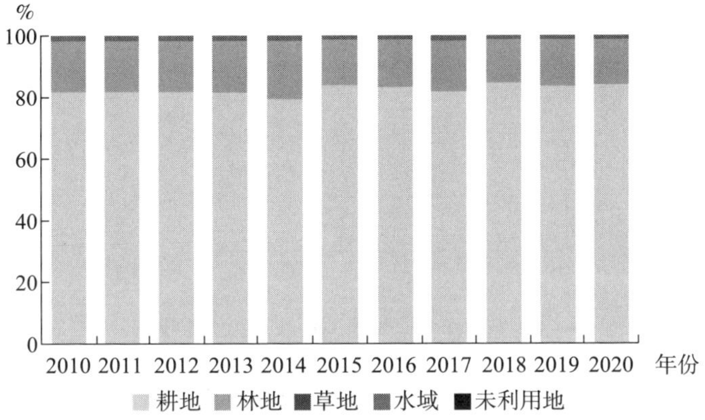

图 7-4 2010—2020 年郑州市土地利用碳吸收量占比

在本书构建的评价指标体系中，数据方面涉及了郑州市的碳排放量面板数据，但该数据仅有一个值，没有细致的分类，无法剖析其影响发展综合指数的原因。因此，从土地利用的碳收支计算出发，从生态本底进行评价结果的分析。为了说明核算的土地利用碳排放量和碳吸收量结果的可靠性，将其净碳排放量与面板数据进行相关性分析（见表 7-12）。面板数据和计算的净碳排放量之间的相关系数值为 0.890，并且呈现出 0.01 水平的显著性，表明面板数据与计算结果有显著相关性，从而说明从土地利用碳收支角度进行评价结果的分析是可行的（见图 7-5）。

表 7-12 郑州市土地利用净碳排放量与面板数据碳排放量的 Pearson 相关系数及其检验结果

项目	相关系数	土地利用净碳排放量	面板数据碳排放量
土地利用净碳排放量	Pearson 相关性	1	0.890**
	显著性（双侧）		0.000
	N	11	11
面板数据碳排放量	Pearson 相关性	0.890**	
	显著性（双侧）	0.000	
	N	11	11

注：**表示 $p<0.01$。

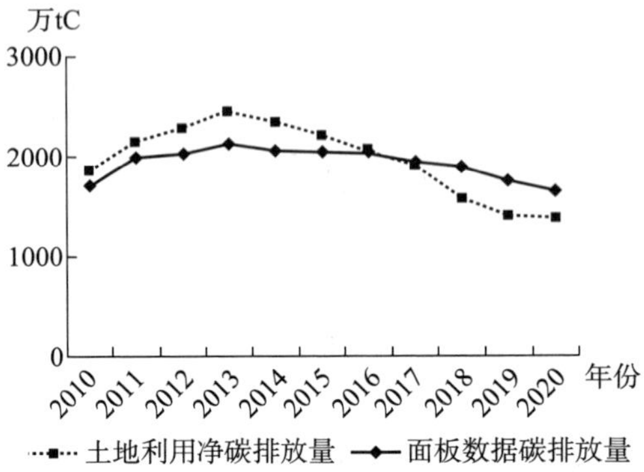

图 7-5　2010—2020 年郑州土地利用净碳排放量与面板数据碳排放量

在前文的基础上，为了进一步探究 2010—2020 年郑州市低碳生态城建设发展指数呈现规律的原因，将核算的土地利用碳收支结果与发展综合指数进行了相关性分析（见表 7-13、图 7-6）。发展综合指数和净碳排放量之间的相关系数值为-0.924，并且呈现出 0.01 水平的显著性，表明发展综合指数与净碳排放量呈显著负相关关系；而发展综合指数与碳吸收量之间的相关系数值为 0.822，同样呈现出 0.01 水平的显著性，说明发展综合指数与碳吸收量呈显著正相关关系。因此，从碳收支的视角去分析郑州市的低碳生态城建设水平不仅合理可靠，而且切实可行。

表 7-13　郑州市低碳生态城建设发展综合指数与碳收支的 Pearson 相关系数及其检验结果

项目	相关系数	发展综合指数	净碳排放量	碳吸收量
发展综合指数	Pearson 相关性	1	-0.924**	0.822**
	显著性（双侧）		0.000	0.000
	N	11	11	11
净碳排放量	Pearson 相关性	-0.924**		
	显著性（双侧）	0.000		
	N	11	11	11
碳吸收量	Pearson 相关性	0.822**		
	显著性（双侧）	0.000		
	N	11	11	11

注：**表示 $p<0.01$。

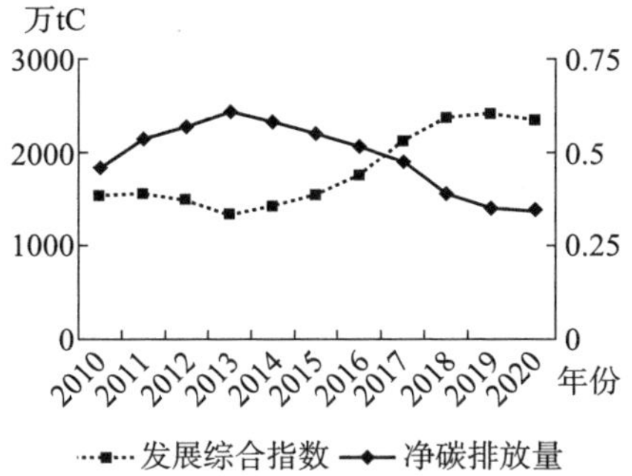

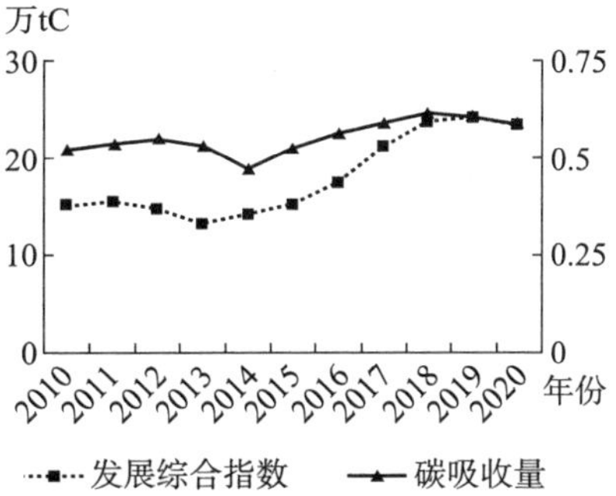

图 7-6 2010—2020 年郑州市低碳生态城建设发展综合指数与碳收支

2010—2020 年郑州市低碳生态城建设发展综合指数总体呈上升趋势，说明在研究时间段内郑州市低碳生态城建设水平走势逐渐向好（见图 7-6）。但进一步看，2010—2012 年发展综合指数较为接近，城市低碳生态建设发展稳定，而 2013 年发展综合指数达到最低值，2013 年后才逐渐上升，2018—2020 年郑州市低碳生态城建设发展综合指数再次达到平稳状态。此现象从碳排放量的角度可以很好地解释。2010—2020 年郑州市低碳生态城建设发展综合指数 C_i 与郑州市碳排放量呈现显著的负相关性（见表 7-13），郑州市低碳生态城建设过程中 2013 年碳排放量达到峰值，导致发展综合指数下降至最低，2013 年后碳排放量逐渐减少，发展综合指数也随之上升。对郑州市 2010—2020 年碳排放量的计算发现，建设用地是巨大的碳排放主体，对郑州市低碳生态城建设有着决定性作用，而之所以建设用地碳排放量从 2013 年之后呈直线下降的趋势，是因为能源使用结构得到了更新，原煤的使用量在 2013 年达到最大用量之后得到了极大的控制，能源结构的调整有效地降低了郑州市的碳排放量，也促进了郑州市低碳生态城的建设。

从碳汇的角度来看，尽管耕地、林地、草地、水域和未利用地的总面积是减少的，但其碳汇能力是增强的，因为计算耕地碳汇的净碳汇法很好地规避了系数法的弊端。从计算过程来看，农用物资碳排放中氮肥施用量、农药使用量、农膜使用量和翻耕的碳排放系数较高，分别为 2.12 公斤/平方米（陈舜等，2015）、4.93 公斤/平方米（张婷等，2014）、5.18 公斤/平方米（张婷等，2014）和 312.6 公斤/平方米（田云、张俊飚，2013），而这 4 项的统计数据都呈下降趋势，减少了大量的碳排放，因此耕地的碳汇得到增加。而林地生态系统较为复杂，准确计算其碳汇量较为困难，因此采用系数法进行碳汇量的核算。此外，相关分析表明碳吸收量与发展综合指数呈显著正相关关系，说明以碳汇表征生态作用能为结果分析提供科学合理的支撑。

7.3 对策与建议

根据上述科学客观的分析与对低碳生态城建设评价指标体系的实证分析，有效验证了本书构建的评价指标体系的科学性与合理性，其评价结果与实际情况基本相符，可以应用到实际的低碳生态城建设评价过程中。为了加快郑州市低碳生态城建设的步伐，本书以构建的评价指标体系为基础，结合实证分析的结果提出相应的对策与建议，以便为政府决策提供可行性支撑。

7.3.1 保障经济发展可持续，贯穿城市建设全过程

如何促进经济实现可持续发展是城市建设的首要任务，经济基础是推进城市建设的前提和基石。从本书的“驱动力”子系统来看，经济持续要素层中的指标一方面强调人民的生活水平，另一方面则强调科技研发投入以及对于环境保护的重视；城市建设要素层中的指标体现的是城市建设达到的水平和阶段，同样强调“以人为本”的理念。基于郑州市低碳生态城

建设的现状，未来郑州城市建设的重点应当补齐各领域的短板，除了持续加大对科技创新和环保的投资力度外，也应注重绿色建筑技术的普及，夯实地方财政根基，努力提升人均可支配收入，实现经济持续、城市建设与资源环境的协调发展。

7.3.2 提高能源循环使用率，减轻污染治理重包袱

污染治理压力大是目前城市发展过程中面临的共同问题，而尽力抓好资源的节约循环利用是解决该问题的根本路径。从针对郑州市低碳生态城建设的实际情况构建的“压力”子系统来看，污染治理方面应加强的工作主要有两个方面：一是生活方面提高处理污水、生活垃圾的能力；二是工业生产方面要提高固体废物的综合利用和废气处理的效率。能源消耗要素层则强调减轻单位 GDP 能源、日常用水和碳排放量三个方面的压力，除此之外，着力降低单位 GDP 水耗、电耗对减轻污染治理的压力也至关重要，畅通资源能源循环使用和污染物治理的渠道，对郑州市低碳生态城建设将发挥积极的作用。

7.3.3 促进生产消费环保化，突破环境质量新高度

“环保”对于现今社会来说并不是一个新兴名词，但却是城市建设和生产、生活共同强调的主题。郑州市耕地面积占比较大，而“状态”子系统中的产业结构要素层强调降低化肥使用强度，提高单位工业用地增加值和第三产业 GDP 占比，不断优化产业结构和消费方式，同时，打造产业和消费的低碳生态特色。环境质量的等级是对产业结构优化成果的映射。通过产业结构的优化，有效控制农膜、化肥等的使用，着力降低污染物排放量，重点控制好 NO_2 排放、SO_2 排放，同时，注重城市噪声等级评估，努力打造城市低碳高效的发展趋势与状态。

7.3.4　把握人口状况动态度，增强基础设施配置力

城市基础设施建设的不断完善是不断满足人类需求的过程，二者是相辅相成的关系。“影响”子系统要素指标的选择基于“以人为本”的理念，强调把握城市人口的动态变化以及人群的结构特征，增加受教育人口数量，加大就业人员中科技研发型人才输入力度，郑州建设低碳生态城市应当在此方面进行加强，为环保产业推进做好人才储备。资源配置强调加强医疗、教育、文化服务等方面的设施供给，同时，与人口状况紧密结合，形成动态机制，以便在郑州低碳生态化建设过程中为不同人群提供相应的服务，从而提高公共的满意度和舒适度。

7.3.5　根植绿色出行新理念，形成社会进步新风尚

绿色出行新风尚的形成既是社会进步的标志，也是低碳生态城市建设的必然要求。“响应”子系统在一定程度上能检验城市在建设过程中的具体落实情况，郑州市在倡导低碳出行方式方面已经做出了许多努力，出台了一系列政策措施，也取得了显著的成效。为推进郑州市低碳生态城建设的进程，控制碳排放量尤为重要，因此，加大新能源汽车投入市场的力度，鼓励市民使用公共交通出行，优化城市慢行系统都是亟须完成的功课。市民对社会的满意程度对评估城市低碳生态建设水平同等重要，因此，郑州市应当加大社会服务和社会保障的覆盖面，体现城市建设的人文关怀。

参考文献

[1] AN Q, SHENG S, ZHANG H, et al. Research on the Construction of Carbon Emission Evaluation System of Low-Carbon-Oriented Urban Planning Scheme: Taking the West New District of Jinan City as Example [J]. Geology Ecology, and Landscapes, 2019, 3 (13): 1-10.

[2] SOVACOOL K B, BROWN A M. Twelve Metropolitan Carbon Footprints: A Preliminary Comparative Global Assessment [J]. Energy Policy, 2010, 38 (9): 4856-4869.

[3] BOULDING K E. The Economics of the Coming Spaceship Earth [M]. Baltimore: Johns Hopkins Press, 1996.

[4] CAMPBELL C A, ZENTNER R P, LIANG B C, et al. Organic C accumulation in Soil Over 30 Years Insemiarid Southwestern Saskatchewan-effect of Crop Rotations And Fertilizers [J]. Canadian Journal of Soil Science, 2000, 80 (1): 179-192.

[5] CHRIS G. How to Live a Low-Carbon Live: The Individual 8 Guide to Stopping Climate Change [M]. London: London Sterling, VA, 2007.

[6] Ecology Research-Functional Ecology. Findings from University of Victoria Update Understanding of Functional Ecology (Trophic Structure in a Rapidly Urbanizing Planet) [J]. Ecology, Environment & Conservation, 2018, 32 (7): 1718-1728.

[7] FRANCO M A. Circular Economy at the Micro Level: A Dynamic View of Incumbents' Struggles and Challenges in the Textile Industry [J]. Journal of Cleaner Production, 2017, 168 (1): 833-845.

[8] HOUGHTON R A. Magnitude, Distribution and Causes of Terrestrial Carbon Sinks and Someimplications for Policy [J]. Climate Policy, 2002, 2 (1): 71-88.

[9] HOUGHTON R A, WERF G, DEFRIES R S, et al. Chapter G2 Carbon Emissions from Land Use and Land-cover Change [J]. Biogeosciences Discussions, 2021, 9 (1): 835-878.

[10] HUTYRA L R, YOON B, HEPINSTALL-CYMERMANJETAL J, et al. Carbon Consequences of Landcover Change and Expansion of Urban Lands: A Case Study in the Seattle Metropolitanregion [J]. Landscape and Urban Planning, 2011, 103 (6): 83-93.

[11] IPCC, OCDE, IEA. Revised 1996 IPCC Guidelines for National Gree nhouse Gas Inventories [R]. Paris: Intergovernmental Panel on Climate Change, Untied Nations Environment Program, Organization for Economic Cooperation and Development, International Energy Agency, 1996.

[12] ZVIRGZDIŇS JĀNIS, PLOTKA K, GEIPELE S. Eco-Economics in Cities and Rural Areas [J]. Baltic Journal of Real Estate Economics and Construction Management, 2018, 6 (1): 88-99.

[13] JUNFANG J, SHUYAN Y, HANMIN Y. Impact of Land Use/Land Cover Types on Surface Humidity in Northern China in the Early 21st Century [J]. Journal of Arid Land, 2022, 14 (7): 705-718.

[14] KATARZYNA C, TOMASZ N, ANITA K, et al. Land Use and Land Cover Changes in Post - socialist Countries: Some Observations from

Hungary and Poland [J]. Land Use Policy: The International Journal Covering All Aspects of Land Use, 2018 (78): 1-18.

[15] LIU L F, LI J, WANG J L, et al. The Establishment of an Eco-environmental Evaluation Model for Southwest China and Eastern South Africa Based on the DPSIR Framework [J]. Ecological Indicators, 2022, 145: (109687).

[16] VERBURG H P, SCHULP C J E, WITTE N, et al. Downscaling of Land Use Change Scenariosto Assess the Dynamics of European Landscapes [J]. Agriculture, Ecosystems and Environment, 2006, 114 (1): 39-56.

[17] REGISTER. Eco-city Berkeley: Building Cites for a Healthier Future [M]. Berkeley: North Atlantic Books, 1987: 13-43.

[18] KELLETT R, CHRISTEN A, NICHOLAS CC, et al. A Systems Approach to Carbon Cycling and Emissions Modeling at an Urban Neighborhood Scale [J]. Landscape and Urban Planning, 2013, 110 (1): 48-58.

[19] ZHOUR, LIN MZH, GONG JZH, et al. Spatiotemporal Heterogeneity and Influencingmechanism of Ecosystem Services in the Pearl River Delta from the Perspective of LUCC [J]. Journal of Geographical Sciences, 2019, 29 (5): 831-845.

[20] SHRESTHA B, YE Q, KHADKA N. Assessment of Ecosystem Services Value Based on Land Use and Land Cover Changes in the Transboundary Karnali River Basin, Central Himalayas [J]. Sustainability, 2019, 11 (11): 3183.

[21] SONG W. Land - Use/Land - Cover Change and Ecosystem Service Provision in China [J]. Science of The Total Environment, 2017 (576): 705-719.

[22] TAN S, YANG J, YAN J, et al. A Holistic Low Carbon City Indicator Framework for Sustainable Development [J]. Applied Energy, 2017,

185（2）：1919-1930.

［23］TOLESSAA T，SENBETAA F，ABEBEC T. Land Use/Land Cover Analysis and Ecosystem Services Valuation in the Central Highlands of Ethiopia［J］. Forests Trees and Livelihoods，2016，26（2）：111-123.

［24］VELEVA V，BODKIN G. Corporate-Entrepreneur Collaborations to Advance a Circular Economy［J］. Journal of Cleaner Production，2018，188（1）：20-37.

［25］WEST T O，MARLAND G. A Synthesis of Carbon Sequestration，Carbon Emissions，and Net Carbon Flux in Agriculture：Comparing Tillage Practices in the United States［J］. Agriculture，Ecosystems & Environment，2002，91（1/2/3）：217-232.

［26］LIU XP，LIANG X，LI X，et al. A Future Land Use Simulation Model（FLUS）for Simulating Multiple Land Use Scenarios by Coupling Human and Natural Effects［J］. Landscape and Urban Planning，2017，168：94-116.

［27］YANITSKY O. Cities and Human Ecology. Social Problems of Man's Environment：Where We Live and Work［M］. Moscow：Progress Publishes，1981：8-10.

［28］鲍健强，苗阳，陈锋．低碳经济：人类经济发展方式的新变革［J］. 中国工业经济，2008（4）：153-160.

［29］曾永年，王慧敏．以低碳为目标的海东市土地利用结构优化方案［J］. 资源科学，2015，37（10）：2010-2017.

［30］陈兵飞．基于FLUS模型的万州区土地利用变化模拟及土地利用结构优化研究［D］. 成都：西南大学，2020.

［31］陈舜，逯非，王效科．中国氮磷钾肥制造温室气体排放系数的估算［J］. 生态学报，2015，35（19）：6371-6383.

［32］程建，程久苗，吴九兴，等．2000—2010 年长江流域土地利用变化与生态系统服务功能变化［J］．长江流域资源与环境，2017，26（6）：894-901.

［33］程叶青，王哲野，张守志，等．中国能源消费碳排放强度及其影响因素的空间计量［J］．地理学报，2013，68（10）：1418-1431.

［34］崔玮．碳排放视角下城市非农用地生态效率模型及其应用［D］．南京：南京航空航天大学，2014.

［35］崔亚芳．福州市城市化进程中土地利用碳收支效应研究［D］．福州：福建农林大学，2019.

［36］丁安．基于地理国情数据的不透水面时空格局演变及驱动力分析［D］．淮南：安徽理工大学，2022.

［37］丁明磊，杨晓娜，赵荣钦，等．碳中和目标下的国土空间格局优化：理论框架与实践策略［J］．自然资源学报，2022，37（5）：1137-1147.

［38］杜慧滨，李娜，王洋洋，等．我国区域碳排放绩效差异及其影响因素分析：基于空间经济学视角［J］．天津大学学报（社会科学版），2013（5）：411-416.

［39］方精云，郭兆迪，朴世龙，等．1981—2000 年中国陆地植被碳汇的估算［J］．中国科学（D 辑：地球科学），2007，37（6）：804-812.

［40］方精云，杨元合，马文红，等．中国草地生态系统碳库及其变化［J］．中国科学：生命科学，2010，40（7）：566-576.

［41］冯源，朱建华，刘华妍，等．基于土地利用变化的县域碳收支空间格局预测［J］．江西农业大学学报，2020，42（4）：852-862.

［42］符敏仪．基于 Markov-FLUS 模型的无锡市土地利用分析及多情景模拟［D］．南昌：东华理工大学，2021.

［43］付琳，曹颖，郭豪，等．“十二五”以来中国低碳发展进展及政策评估［J］．中国环境管理，2021，13（1）：16-24.

［44］付晓阳．生态文明背景下的土地利用低碳优化研究：以天津市为例［C］//面向高质量发展的空间治理：2021 中国城市规划年会论文集．2021：461-470.

［45］付允，汪云林，李丁．低碳城市的发展路径研究［J］．科学对社会的影响，2008（2）：5-10.

［46］葛朦．低碳生态城市评价研究［D］．哈尔滨：哈尔滨工业大学，2012.

［47］关海玲，孙玉军．我国省域低碳生态城市发展水平综合评价：基于因子分析［J］．技术经济，2012，31（7）：91-98.

［48］韩骥，周翔，象伟宁．土地利用碳排放效应及其低碳管理研究进展［J］．生态学报，2016，36（4）：1152-1161.

［49］韩召迎，孟亚利，徐娇，等．区域农田生态系统碳足迹时空差异分析：以江苏省为案例［J］．农业环境科学学报，2012，31（5）：1034-1041.

［50］何梦男．基于元胞自动机的城市洪涝人群疏散模型研究［D］．重庆：重庆交通大学，2018.

［51］胡鞍钢．中国如何应对全球气候变暖挑战［C］//清华大学国情研究中心．国情报告：第十卷 2007 年（下）．2012：98-116.

［52］胡国霞，雷国平，周浩，等．黑龙江省土地利用变化的碳排放效应研究［J］．水土保持研究，2015，22（6）：287-292.

［53］黄光宇，陈勇．生态城市概念及其规划设计方法研究［J］．城市规划，1997（6）：17-20.

［54］黄肇义，杨东援．国内外生态城市理论研究综述［J］．城市规

划，2001（1）：59-66.

［55］贾健民．城市低碳生态交通系统综合评价体系研究［D］．济南：山东大学，2013.

［56］蒋文武．低碳生态城市建设评价指标体系研究［D］．湘潭：湘潭大学，2018.

［57］赖力．中国土地利用的碳排放效应研究［M］．南京：南京大学出版社，2010.

［58］黎永康，赵颖珊，冯旭灵，等．基于FLUS模型的土地利用变化模拟预测：以南雄市湖口村为例［J］．农村经济与科技，2022，33（15）：47-52.

［59］李波，张俊飚，李海鹏．中国农业碳排放时空特征及影响因素分解［J］．中国人口·资源与环境，2011，21（8）：80-86.

［60］李晓梦．基于碳排放视角的郑州市低碳城市建设对策研究［J］．创新科技，2018，18（2）：59-62.

［61］李雪铭，刘凯强，田深圳，等．基于DPSIR模型的城市人居环境韧性评价：以长三角城市群为例［J］．人文地理，2022，37（1）：54-62.

［62］李迅，刘琰．中国低碳生态城市发展的现状、问题与对策［J］．城市规划学刊，2011（4）：23-29.

［63］李颖．江苏省农业能源消耗碳排放与经济发展脱钩分析［J］．农业与技术，2021，41（24）：77-80.

［64］刘海龙．从无序蔓延到精明增长：美国“城市增长边界”概念述评［J］．城市问题，2005（3）：67-73.

［65］刘慧灵，伍世代，韦素琼，等．基于低碳经济导向的土地利用结构优化研究：以福建省福州市为例［J］．水土保持通报，2017，37

（6）：202–208.

［66］刘敬杰，夏敏，刘友兆，等．基于多智能体与 CA 结合模型分析的农村土地利用变化驱动机制［J］．农业工程学报，2018，34（6）：242–252.

［67］刘贤赵，高长春，张勇，等．中国省域碳强度空间依赖格局及其影响因素的空间异质性研究［J］．地理科学，2018，38（5）：681–690.

［68］刘晓璐．低碳视角下贵阳市土地利用结构优化研究［D］．贵阳：贵州财经大学，2018.

［69］刘琰．低碳生态城市：全球气候变化影响下未来城市可持续发展的战略选择［J］．城市发展研究，2010，17（5）：35–41.

［70］刘燕华，葛全胜，何凡能，等．应对国际 CO_2 减排压力的途径及我国减排潜力分析［J］．地理学报，2008，63（7）：675–682.

［71］刘志林，戴亦欣，董长贵，等．低碳城市理念与国际经验［J］．城市发展研究，2009，16（6）：1–7+12.

［72］刘竹，耿涌，薛冰，等．基于“脱钩”模式的低碳城市评价［J］．中国人口·资源与环境，2011，21（4）：19–24.

［73］卢俊宇，黄贤金，陈逸，等．基于能源消费的中国省级区域碳足迹时空演变分析［J］．地理研究，2013，32（2）：326–336.

［74］路超君．中国低碳城市发展阶段与路径研究［D］．郑州：河南大学，2016.

［75］马建明．关于城市洪涝风险防控体系构建的建议：郑州市“7·20”特大暴雨灾害思考［J］．中国防汛抗旱，2022，32（4）：45–47.

［76］马世骏，王如松．社会—经济—自然复合生态系统［J］．生态学报，1984（1）：1–9.

［77］马玉翎．粤港澳大湾区城市群不透水面空间结构时空变化对地

表热环境影响的研究［D］. 昆明：云南师范大学，2020.

［78］毛洪伟，李芬，郭永聪．低碳生态城市建设改造技术公众认知研究［J］. 资源科学，2012，34（9）：1798-1805.

［79］孟庆香，刘祺，李保路，等．2000—2020 年河南省土地利用强度与碳排放脱钩关系［J/OL］. 水土保持通报，2023，43（3）：421-429.

［80］牛亚文．基于适宜性评价和 FLUS 模型的土地利用空间优化配置研究［D］. 株洲：湖南工业大学，2022.

［81］潘文岚．中国特色社会主义生态文明研究［D］. 上海：上海师范大学，2015.

［82］裴亮，陈晨，戴激光，等．基于马尔科夫模型的大凌河流域土地利用/覆被变化趋势研究［J］. 土壤通报，2017，48（3）：525-531.

［83］彭文甫，周介铭，徐新良，等．基于土地利用变化的四川省碳排放与碳足迹效应及时空格局［J］. 生态学报，2016，36（22）：7244-7259.

［84］朴世龙，方精云，黄耀．中国陆地生态系统碳收支［J］. 中国基础科学，2010，12（2）：20-22+65.

［85］乔清亮．低碳经济背景下贵阳市土地利用碳排放及模拟预测［D］. 贵阳：贵州财经大学，2021.

［86］邱应美．基于 Markov 和 FLUS 模型的全福庄聚落演变与土地利用空间优化研究［D］. 昆明：云南师范大学，2020.

［87］仇保兴．从绿色建筑到低碳生态城［J］. 城市发展研究，2009，16（7）：1-11.

［88］仇保兴．加快实施生态城市建设战略［J］. 中华建设，2009（10）：35.

［89］曲福田，卢娜，冯淑怡．土地利用变化对碳排放的影响［J］. 中国人口·资源与环境，2011，21（10）：76-83.

［90］任胤铭，刘小平，许晓聪，等．基于 FLUS-InVEST 模型的京津冀多情景土地利用变化模拟及其对生态系统服务功能的影响研究［J/OL］．生态学报，2023（11）：1-15.

［91］沈清基，安超，刘昌寿．低碳生态城市的内涵、特征及规划建设的基本原理探讨［J］．城市规划学刊，2010（5）：48-57.

［92］沈清基，王玲慧．《城市生态学新发展》：解读、评析与思考［J］．城市规划学刊，2018（2）：113-118.

［93］苏维词，易武英．基于灰色模型的贵阳市土地利用/覆被变化的驱动力分析［J］．水土保持通报，2014，34（6）：256-259+266+371.

［94］孙赫，梁红梅，常学礼，等．中国土地利用碳排放及其空间关联［J］．经济地理，2015，35（3）：154-162.

［95］孙乔．基于 Markov-FLUS 模型的洛川县土地利用变化和多情景模拟研究［D］．西安：长安大学，2021.

［96］谭美秋，崔耀平，马晓哲，等．河南省农田生态系统碳汇核算研究［J］．生态与农村环境学报，2022，38（9）：1129-1137.

［97］陶波，葛全胜，李克让，等．陆地生态系统碳循环研究进展［J］．地理研究，2001（5）：564-575.

［98］陶春琛，许贵林，黄乐．基于马尔科夫链模型的中越边境地区土地利用变化模拟研究［J］．南方自然资源，2022，11：44-49.

［99］田云，张俊飚．中国农业生产净碳效应分异研究［J］．自然资源学报，2013，28（8）：1298-1309.

［100］王保盛，廖江福，祝薇，等．基于历史情景的 FLUS 模型邻域权重设置：以闽三角城市群 2030 年土地利用模拟为例［J］．生态学报，2019，39（12）：4284-4298.

［101］王芳莉．基于 FLUS 模型的陇南市土地利用变化与模拟［D］．

兰州：西北师范大学，2020.

[102] 王海林，黄晓丹，赵小凡，等．全球气候治理若干关键问题及对策［J］．中国人口·资源与环境，2020，30（11）：26-33.

[103] 王江坤．基于SWMM模型与城市扩张模拟的海绵城市多目标优化［D］．哈尔滨：哈尔滨工业大学，2021.

[104] 王俏丽．可持续发展视角下的生态城市建设研究［D］．南宁：广西民族大学，2011.

[105] 王雨辰．构建中国形态的生态文明理论［J］．武汉大学学报（哲学社会科学版），2020，73（6）：15-26.

[106] 王之玉．低碳视角下赣州市土地利用结构优化研究［D］．赣州：江西理工大学，2019.

[107] 魏竞超，李自涵，董媛媛．基于压力—状态—响应（PSR）模型的黄河流域环境安全评价体系法治化研究［J］．中国环境监测，2023，39（1）：19-28.

[108] 魏媛，简小玉．基于碳达峰碳中和的贵州省土地利用碳排放演变及预测研究［J］．生态经济，2022，38（4）：108-114.

[109] 魏昀．低碳视角下法兰克福土地利用研究［D］．大连：大连理工大学，2020.

[110] 温雪颖．呼和浩特市土地利用碳排放效应及其时空格局［D］．呼和浩特：内蒙古师范大学，2019.

[111] 吴琼，王如松，李宏卿，等．生态城市指标体系与评价方法［J］．生态学报，2005（8）：2090-2095.

[112] 吴宵．基于碳排放视角的山东半岛城市群土地利用结构优化研究［D］．烟台：鲁东大学，2021.

[113] 吴欣昕，刘小平，梁迅，等．FLUS-UGB多情景模拟的珠江三角洲城市增长边界划定［J］．地球信息科学学报，2018，20（4）：

532-542.

［114］ 肖红艳，袁兴中，李波，等．土地利用变化碳排放效应研究：以重庆市为例［J］．重庆师范大学学报（自然科学版），2012，29（1）：38-42+115.

［115］ 许思维．东北地区土地利用碳排放特征及影响因素研究［D］．沈阳：沈阳师范大学，2018.

［116］ 杨青林，赵荣钦，丁明磊，等．中国城市碳排放的空间格局及影响机制：基于 285 个地级市截面数据的分析［J］．资源开发与市场，2018，34（9）：1243-1249.

［117］ 叶长盛，袁壮壮，胡梦姗．南昌市土地利用低碳优化模拟研究［J］．国土资源科技管理，2021，38（5）：25 39.

［118］ 殷少美，周寅康，濮励杰，等．马尔科夫链在预测土地利用结构中的应用：以湖南娄底万宝镇为例［J］．经济地理，2006（S1）：120-123+130.

［119］ 尹文超，赵昕，刘鹏．城市低碳生态化建设中的水资源综合利用研究［J］．建设科技，2014，15：43-45.

［120］ 禹湘，陈楠，李曼琪．中国低碳试点城市的碳排放特征与碳减排路径研究［J］．中国人口·资源与环境，2020，30（7）：1-9.

［121］ 袁霄，倪九派，谢德体．重庆市县域空间土地利用碳排放的时空格局分析［J/OL］．应用基础与工程科学学报，2021，29（1）：25-38.

［122］ 袁壮壮．南昌市土地利用碳排放变化特征及低碳优化研究［D］．南昌：东华理工大学，2021.

［123］ 张建国，李晶晶，殷宝库，等．基于转移矩阵的准格尔旗土地利用变化分析［J］．水土保持通报，2018，38（1）：131-134.

［124］ 张梅，黄贤金，揣小伟．中国城市碳排放核算及影响因素研究［J］．生态经济，2019，35（9）：13-19+74.

［125］张婷，蔡海生，张学玲．基于碳足迹的江西省农田生态系统碳源/汇时空差异［J］．长江流域资源与环境，2014，23（6）：767-773.

［126］张秀娟，周立华．基于DFSR模型的北方农牧交错区生态系统健康评价：以宁夏盐池县为例［J］．中国环境科学，2012，32（6）：1134-1140.

［127］张亚飞，廖和平，李义龙．基于反规划与FLUS模型的城市增长边界划定研究：以重庆市渝北区为例［J］．长江流域资源与环境，2019，28（4）：757-767.

［128］赵国杰，郝文升．低碳生态城市：三维目标综合评价方法研究［J］．城市发展研究，2011，18（6）：31-36.

［129］赵荣钦，黄贤金，高珊，等．江苏省碳排放清单测算及减排潜力分析［J］．地域研究与开发，2013，32（2）：109-115.

［130］赵伟．低碳经济视角下西安市土地利用结构的优化研究［D］．西安：西安建筑科技大学，2018.

［131］肇禹然．小城镇土地利用对碳排放影响及优化策略研究［D］．哈尔滨：哈尔滨工业大学，2021.

［132］周健，李晓源，邓一荣．中国实现碳中和的挑战与对策［J］．环境科学与管理，2023，48（1）：57-61.

［133］朱姗姗．基于新经济增长理论的区域可持续发展评价研究［D］．西安：西北大学，2014.

附　录

附表 1　中国人居环境奖评价指标体系

中国人居环境奖评价指标体系

类型	子系统	指标
居住环境	住房与社区	住房保障率
		保障性住房建设计划完成率
		社区配套设施建设（定性指标）
		棚户区、城中村改造（定性指标）
	市政基础设施	城市公共供水覆盖率
		城市供水水质（定性指标）
		城市燃气普及率
		城市生活污水处理
		城市生活垃圾处理
		城市排水（定性指标）
		互联网用户普及率
	交通出行	平均通勤时间
		公共交通出行分担率
		步行、自行车交通系统建设
	公共服务	小学布局合理（定性指标）
		校园安全（定性指标）
		人均拥有卫生服务中心（站）数量
		万人拥有医院床位数
		万人拥有公共图书馆图书数量
		人均拥有公益性文化设施用地面积

续表

类型	子系统	指标
生态环境	城市生态	生态环境保护（定性指标）
		城市生物多样性（定性指标）
	城市绿化	城市绿化覆盖率
		城市绿地率
		城市人均公园绿地面积
		公园绿地服务半径覆盖率
		林荫路推广率
	环境质量	城市空气质量
		城市地表水环境质量
		城市区域噪声平均值
社会和谐	社会保障	社会保险基金征缴率
		城市最低生活保障（定性指标）
	老龄事业	优待老年人政策（定性指标）
		百名老人拥有社会福利床位数
	残疾人事业	残疾人服务和保障体系（定性指标）
		无障碍设施建设（定性指标）
	外来务工人员保障	外来务工人员保障政策（定性指标）
	公众参与	公众参与规划建设与管理（定性指标）
	历史文化与城市特色	历史文化遗产保存完好（定性指标）
		城市风貌特色（定性指标）
公共安全	城市管理与市政基础设施安全	城市管理（定性指标）
		城市市政基础设施安全运行（定性指标）
	社会安全	道路事故死亡率
		刑事案件发案率
	预防灾害	城市人均避难场所面积
		城市公共消防基础设施完好率
		城市防洪排涝（定性指标）
	城市应急	城市应急系统建设（定性指标）

续表

类型	子系统	指标
经济发展	收入与消费	城市居民人均可支配收入
		恩格尔系数
	就业水平	城镇登记失业率
	资金投入	城市市政公共设施建设资金投入比重
	经济结构	第三产业增加值占 GDP 比重
资源节约	节约能源	单位 GDP 能耗
		节能建筑比例
		北方采暖地区住宅供热计量收费比例
		可再生能源使用比例
	节约水资源	单位 GDP 取水量
		城市再生水利用率
		工业用水重复利用率
		城市节水规划（定性指标）
	节约土地	城市人口密度

附表 2　国家环境保护模范城市考核指标

国家环境保护模范城市考核指标

类型	序号	指标
经济社会	1	城镇居民人均可支配收入
	2	规模以上单位工业增加值能耗逐年下降
	3	单位 GDP 用水量
	4	万元工业增加值主要工业污染物排放强度
环境质量	5	城市空气主要污染物年平均浓度值
	6	城市空气主要污染物日平均浓度达到二级标准天数
	7	集中式饮用水水源地水质达标率
	8	城市水环境功能区水质达标率
	9	区域环境噪声平均值
	10	交通干线噪声平均值
环境建设	11	建成区绿化覆盖率
	12	城市污水集中处理率
	13	重点工业企业污染物排放稳定达标率
	14	城市清洁能源使用率
	15	机动车环保定期检测率
	16	生活垃圾无害化处理率
	17	工业固体废物处置利用率
	18	危险废物依法安全处置
环境管理	19	公众对城市环境保护的满意率
	20	中小学环境教育普及率

附表3 循环经济发展评价指标体系

循环经济发展评价指标体系

分类	指标	单位
综合指标	主要资源产出率	元/吨
	主要废弃物循环利用率	%
专项指标	能源产出率	万元/吨标煤
	水资源产出率	元/吨
	建设用地产出率	万元/公顷
	农作物秸秆综合利用率	%
	一般工业固体废弃物综合利用率	%
	规模以上工业企业重复用水率	%
	主要再生资源回收率	%
	城市餐厨废弃物资源化处理率	%
	城市建筑垃圾资源化处理率	%
	城市再生水利用率	%
	资源循环利用产业总产值	亿元
参考指标	工业固体废物处置量	亿吨
	工业废水排放量	亿吨
	城镇生活垃圾填埋处理量	亿吨
	重点污染物排放量	万吨

附表 4　生态省建设指标

生态省建设指标

准则层	名称	单位	标准
经济发展	人均国内生产总值 东中部地区 西部地区	元/人	 ≥33000 ≥25000
	年人均财政收入 东中部地区 西部地区	元/人	 ≥5000 ≥3800
	农民年人均纯收入 东中部地区 西部地区	元/人	 ≥11000 ≥8000
	城镇居民年人均可支配收入 东中部地区 西部地区	元/人	 ≥24000 ≥18000
	环保产业比重	%	≥10
	第三产业占 GDP 比重	%	≥40
生态环境保护	森林覆盖率 山区 丘陵区 平原地区	%	 ≥65 ≥35 ≥12
	受保护地区占国土面积比例	%	≥15
	退化土地恢复率	%	≥90
	物种多样性指数	%	≥0.9
	珍稀濒危物种保护率	%	100

续表

准则层	名称	单位	标准
生态环境保护	主要河流年水消耗量 省内河流 跨省河流		 <40% 不超过国家分配的水资源量
	地下水超采率	%	0
	主要污染物排放强度 二氧化硫 COD	千克/万元（GDP）	 <6.0 <5.5 不超过国家主要污染物排放总量控制指标
	降水 pH 值年均值	pH	≥5.0
	酸雨频率	%	<30
	空气环境质量 水环境质量 近岸海域水环境质量		达到功能区标准
	旅游区环境达标率	%	100
社会进步	人口自然增长率	%	符合国家或当地政策
	城市化水平	%	≥50
	恩格尔系数	%	<40
	基尼系数		0.3~0.4
	环境保护宣传教育普及率	%	≥90

附表 5 国家生态园林城市标准

国家生态园林城市标准

类型	序号	指标	标准值
城市生态环境	1	综合物种指数	≥0.5
	2	本地植物指数	≥0.7
	3	建成区道路广场用地中透水面积的比重	≥50%
	4	城市热岛效应程度	≤2.5℃
	5	建成区绿化覆盖率	≥45%
	6	建成区人均公共绿地	≥12m^2
	7	建成区绿地率	≥38%
城市生活环境	8	空气污染指数小于等于 100 的天数/年	≥300 天
	9	城市水环境功能区水质达标率	100%
	10	城市管网水水质年综合合格率	100%
	11	环境噪声达标区覆盖率	≥95%
	12	公众对城市生态环境的满意度	≥85%
城市基础设施	13	城市基础设施系统完好率	≥85%
	14	自来水普及率	100%
	15	城市污水处理率	≥70%
	16	再生水利用率	≥30%
	17	生活垃圾无害化处理率	≥90%
	18	万人拥有病床数	≥90 张/万人
	19	主次干道平均车速	≥40 千米/时

附表 6 城市总体规划指标体系

城市总体规划指标体系

指标分类	指标分类	指标	单位	指标类型
经济指标	GDP 指标	GDP 总量	亿元	引导型
		人均 GDP	元/人	引导型
		服务业增加值占 GDP 比重	%	引导型
		单位工业用地增加值	亿元/平方千米	控制型
社会人文指标	人口指标	人口规模	万人	引导型
		人口结构	%	引导型
	医疗指标	每万人拥有医疗床位数/医生数	个、人	控制型
	教育指标	九年义务教育学校数量及服务半径	所、米	控制型
		高中阶段教育毛入学率	%	控制型
		高等教育毛入学率	%	控制型
	居住指标	低收入家庭保障性住房人均居住用地面积	平方米/人	控制型
	就业指标	预期平均就业年限	年	引导型
	公共交通指标	公交出行率	%	控制型
	公共服务指标	人均公共服务设施用地面积	平方米/人	控制型
资源指标	水资源指标	地区性可利用水资源	亿平方米	控制型
		万元 GDP 耗水量	立方米/万元	控制型
	能源指标	单位 GDP 能耗水平	Tce/万元 GDP	控制型
		能源结构及可再生能源使用比例	%	引导型
	土地资源指标	人均建设用地面积	平方米/人	控制型

续表

指标分类	指标分类	指标	单位	指标类型
环境指标	生态指标	绿化覆盖率	%	控制型
	污水指标	污水处理率	%	控制型
		资源化利用率	%	控制型
	垃圾指标	垃圾资源化利用率	%	控制型
	大气指标	SO_2、CO_2 排放削减指标		控制型

附表7 中国低碳生态城市指标体系

中国低碳生态城市指标体系

类型	序号	指标	属性	单位	2020年标准
资源节约	1	再生水利用率	核心	%	严重缺水地区≥30；缺水地区≥20
	2	工业用水重复利用率	扩展	%	≥95
	3	非化石能源占一次能源消费比重	引领	%	≥20
	4	单位 GDP 二氧化碳排放量	引领	吨/万元	≤1.67
	5	单位 GDP 能耗	核心	吨标煤/万元	≤0.77
	6	人均建设用地面积	核心	平方米/人	≤80
	7	绿色建筑比例	核心	%	既有建筑≥20；新建建筑 100
环境友好	1	空气质量优良天数（SO_2、NO_2、PM_{10}综合指数）	核心	天	≥347
	2	$PM_{2.5}$日浓度达标天数	引领	天	≥310
	3	集中式饮用水水源地水质达标率	核心	%	100
	4	城市水环境功能区水质达标率	扩展	%	100
	5	生活垃圾资源化利用率	引领	%	无害化处理率达 100；资源化利用率≥80
	6	工业固体废弃物综合利用率	扩展	%	≥95
	7	环境噪声达标区覆盖率	扩展	%	100
	8	公园绿地 500 米服务半径覆盖率	核心	%	≥90
	9	生物多样性	核心	—	综合指数≥0.7；本地物种指数≥0.85

续表

类型	序号	指标	属性	单位	2020 年标准
经济持续	1	第三产业增加值占 GDP 比重	扩展	%	≥51
	2	城镇登记失业率	核心	%	≤3.2
	3	研究与试验发展（R&D）经费支出占 GDP 比重	扩展	%	≥2.6
	4	恩格尔系数	扩展	%	≤30
社会和谐	1	保障性住房覆盖率	扩展	%	≥30
	2	住房价格收入比	核心	—	≤6
	3	基尼系数	扩展	—	0.33~0.4
	4	城乡居民收入比	引领	—	≤2.41
	5	绿色交通出行分担率	核心	%	≥80
	6	社会保障覆盖率	核心	%	≥100
	7	人均社会公共服务设施用地面积	扩展	平方米/人	≥6
	8	平均通勤时间	扩展	分钟	≤30
	9	城市防灾水平	扩展	—	城市建设满足设防等级要求
					城市生命线系统完好率 100%
					人均固定避难场所面积≥3 平方米
	10	社会治安满意度	扩展	%	≥90

附表 8　中国低碳城市建设评价指标体系

中国低碳城市建设评价指标体系

序号	指标	单位
1	非化石能源占一次能源消费比重	%
2	单位 GDP 能耗	tce/104CNY
3	人均能源消费	tce/人
4	单位工业增加值能耗	tce/104CNY
5	能源消费弹性系数	—
6	能源生产弹性系数	—
7	能源加工转换效率	—
8	单位 GDP 二氧化碳排放	t/104CNY
9	人均碳排放	吨/人
10	单位工业增加值二氧化碳排放	t/104CNY
11	二氧化碳排放达峰年份	年
12	单位能源碳排放的效率	t/tce
13	森林覆盖率	%
14	人均公共绿地面积	平方米/人
15	绿色建筑占比	%
16	公共交通里程	千米/平方千米
17	工业固体废物综合利用率	%
18	农林废弃物资源化利用率	%
19	生活垃圾无害化处理率	%
20	单位工业增加值用水量降低率	%

续表

序号	指标	单位
21	工业废水达标处理率	%
22	城市污水处理率	%
23	SO_2 排放总量减少比例	%
24	COD 排放总量减少比例	%
25	氨氮排放总量减少比例	%
26	NOx 排放总量减少比例	%
27	可吸入颗粒物（PM_{10}）年平均浓度下降率	%
28	细颗粒物（$PM_{2.5}$）年平均浓度下降率	%
29	空气质量达到及好于二级的天数比例	%
30	环境污染治理投资占同级财政支出比重	%

附表 9 中国低碳生态城市发展战略目标

2009—2020 年中国低碳生态城市发展战略目标

类别	子目标	指标	单位
经济	优化产业结构，提高经济效益	人均 GDP	万元/人
		GDP 增速	%
		第三产业占 GDP 比例	%
		第三产业从业人员比例	%
	资源循环利用，提高能源效率	万元 GDP 能耗	吨标准煤/万元
		能源消耗弹性系数	
		单位 GDP CO_2 排放量	吨
		新能源比例	%
		热电联产比例	%
	加大 R&D 投入，促进技术创新	R&D 投入占财政支出比例	%
社会	保证低收入居民有能力负担住房支出	住房用地中经济适用房的比例	%
		人均住房面积	平方米/人
		土地出让净收入中，用于廉租房建设的比例	%
	提高人们的生活质量	人均可支配收入	万元/人
		恩格尔系数	%
		城市化率	%
	大力发展快速公交系统	到达 BRT 站点的平均步行距离	米
		万人拥有公共汽车数	辆/万人

续表

类别	子目标	指标	单位
环境	提升整体城市的碳汇能力	森林覆盖率	%
		人均绿地面积	平方米/人
		建成区绿地覆盖率	%
	减少污染物排放量，改善城市环境	生活垃圾无害化处理率	%
		城镇生活污水处理率	%
		工业废水达标率	%
	通过低碳设计，减低对气候的影响	低能耗建筑比例	%
		温室气体捕捉与封存比例	%

附表 10 绿色生态城市建设指标体系

绿色生态城市建设指标体系

指标分类	序号	指标	核算范围
综合指标	1	单位 GDP 能耗年降低率	市域
	2	单位 GDP 用水量	市域
	3	人均城市建设用地面积	城市建成区
	4	空气质量达标天数	市域
	5	地表水环境质量	市域
	6	土壤环境质量	市域
	7	受保护地区占市域国土面积的比例	市域
	8	安全发展基础	市域
绿色规划引领	9	规划转型与绿色融入	城市规划区
	10	编制绿色生态专项规划	市域
	11	历史文化保护与城市设计	市域
绿色城市建设	12	海绵城市建设	城市建成区
	13	路网密度	城市建成区
	14	地下综合管廊建设	城市规划区
	15	节水型居住小区覆盖率	城市规划区
	16	城市建成区绿化覆盖率	城市建成区
	17	人均公园绿地面积	城市建成区
	18	公园绿地服务半径覆盖率	城市建成区
	19	城市垃圾处理	城市建成区
	20	城市污水处理	城市建成区
	21	新建建筑执行节能设计标准	城市规划区
	22	节能建筑占既有建筑比例	城市规划区

续表

指标分类	序号	指标	核算范围
绿色城市建设	23	可再生能源建筑应用比例	城市规划区
	24	建筑能效提升试点示范	城市规划区
	25	新建建筑绿色建筑比例	城市规划区
	26	绿色建筑标识评价工作	城市规划区
	27	装配式建筑	城市规划区
	28	绿色建材比例	城市规划区
	29	绿色施工	城市规划区
城市智慧管理	30	空间规划管理信息平台	城市规划区
	31	市政管网“三维”监管	城市规划区
	32	国家机关办公建筑和大型公建能耗监测	城市规划区
	33	建筑信息模型（BIM）应用	城市规划区
	34	推进社区公共服务综合信息平台建设	城市规划区
绿色生活倡导	35	公共交通服务设施	城市规划区
	36	绿色出行	城市规划区

附表 11 生态现代化指数

生态现代化指数

二级指数	具体指标	指标解释	基准值
生态进步	自然资源损耗	自然资源消耗价值/GNI	1.50%
	生物多样性损耗	受威胁哺乳动物/哺乳动物	9%
	人均 CO_2 排放	人均 CO_2 排放量	10.7 吨/人
	人均 SO_2 排放	人均 SO_2 排放量	25 千克/人
	人均 NO_2 排放	人均 NO_2 排放量	38 千克/人
	工业淡水污染	工业废水 BOD/工业用水	0.4/10000
	生活废水处理率	生活废水经过处理人口/总人口	100%
	城市废物处理率	城市废物处理率	100%
	森林覆盖率	森林覆盖面积/国土面积	29%
	国家保护区比例	国家保护区面积/国土面积	16%
经济生态化	农业与化肥脱钩	化肥/可耕地	121 千克/公顷
	有机农业比例	有机农业用地/农业用地	3.71%
	工业能源密度	工业能源消费/工业增加值	0.19 千克油/美元
	工业与污染脱钩	工业废水 BOD 与工业 GDP 脱钩	5.9 千克/万美元
	绿色生态旅游	国际旅游收入/人	552 美元/人
	物质经济效率	工农业增加值/工农业劳动力	54458 美元/人
	物质经济比例	工农业增加值/GDP	28%
	循环经济（玻璃）	玻璃的循环利用率	79%
	经济与能源脱钩	人均能源消费与人均 GDP 脱钩	0.2 千克油/美元
	经济与“三废”脱钩	人均 CO_2 排放与人均 GDP 脱钩	0.44 千克/美元

续表

二级指数	具体指标	指标解释	基准值
社会生态化	城市空气污染	城市空气颗粒物浓度	26.7 微克/立方米
	安全饮水比例	获得安全饮水人口/总人口	100%
	卫生设施比例	获得卫生设施人口/总人口	100%
	能源使用效率	GDP/能源消费	5 美元/千克油
	可再生能源比例	可再生能源/总能源	10.10%
	交通空气污染	公路 CO 排放/汽车	107 千克/辆
	长寿人口比例	65 岁以上人口/总人口	14.60%
	服务收入比	服务业增加值/工农业增加值	2.6
	服务消费比例	服务消费/家庭总消费	39%
	环境风险	自然灾害受灾人数/万人	39.4/10000

附表 12　生态城市指标体系

生态城市指标体系

目标层	路径层	指标层	单位
生态环境健康	环境质量良好	森林覆盖率	%
		人均公园绿地面积	平方米/人
		城市空气质量好于或等于二级标准的天数	天/年
		人均 CO_2 排放量	吨/年
		城市水功能区水质达标率	%
		单位 GDP 废水排放量	吨/万元
		单位 GDP 大气污染物排放量	千克/万元
		单位 GDP 工业固体废弃物排放量	千克/万元
		噪声达标区覆盖率	%
	资源合理利用	单位 GDP 用水量	立方米/万元
		清洁能源普及率	%
		单位 GDP 能耗	吨标煤/万元
		可再生能源所占比重	%
		公交分担率	%
	生态技术适用	城镇生活污水集中处理率	%
		城镇生活垃圾无害化处理率	%
		工业固体废弃物综合利用率	%
		污水再生利用率	%
		绿色建筑占当年竣工建筑比例	%

续表

目标层	路径层	指标层	单位
经济持续发展	居民生活丰裕	城乡居民人均收入比	—
		恩格尔系数	%
		失业率	%
	产业循环高效	主要农产品中有机与绿色产品比重	%
		科技投入占 GDP 的比重	%
社会和谐进步	服务体系完善	保障性住房占住房总量比例	%
		人均（预期）寿命	岁
		人均受教育年限	年
		无障碍设施率	%
	管理机制健全	城镇社会保险覆盖率	%
		城镇医疗保险覆盖率	%
		刑事案件发案率	‰

附表 13　生态市建设指标

生态市建设指标

类型	指标	单位	标准
经济发展	农民年人均纯收入	元/人	
	经济发达地区		≥8000
	经济欠发达地区		≥6000
	第三产业占 GDP 比例	%	≥40
	单位 GDP 能耗	吨标煤/万元	≤0.9
	单位工业增加值新鲜水耗	立方米/万元	≤20
	农业灌溉水有效利用系数		≥0.55
	应当实施强制性清洁生产企业通过验收的比例	%	100
生态环境保护	森林覆盖率	%	
	山区		≥70
	丘陵区		≥40
	平原地区		≥15
	高寒区或草原区林草覆盖率		≥85
	受保护地区占国土面积比例	%	≥17
	空气环境质量	—	
	水环境质量		
	近岸海域水环境质量		
	主要污染物排放强度		
	化学需氧量（COD）	千克/万元 GDP	<4
	二氧化硫（SO_2）		<5
	集中式饮用水水源水质达标率	%	100
	城市污水集中处理率	%	≥85

续表

类型	指标	单位	标准
生态环境保护	工业用水重复率	%	≥80
	噪声环境质量	—	
	城镇生活垃圾无害化处理率	%	≥90
	工业固体废弃物处置利用率		≥90
	城镇人均公共绿地面积	平方米/人	≥11
	环境保护投资占 GDP 的比重	%	≥3.5
社会进步	城市化水平	%	≥55
	采暖地区集中供热普及率	%	≥65
	公众对环境的满意率	%	>90

附表 14 生态县（含县级市）建设指标

生态县（含县级市）建设指标

类型	指标	单位	标准
经济发展	农民年人均纯收入	元/人	
	经济发达地区		
	县级市（区）		≥8000
	县		≥6000
	经济欠发达地区		
	县级市（区）		≥6000
	县		≥4500
	单位 GDP 能耗	吨标煤/万元	≤0.9
	单位工业增加值新鲜水耗	立方米/万元	≤20
	农业灌溉水有效利用系数		≥0.55
	主要农产品中有机、绿色及无公害产品种植面积的比重	%	≥60
生态环境保护	森林覆盖率	%	
	山区		≥70
	丘陵区		≥40
	平原地区		≥15
	高寒区或草原区林草覆盖率		≥85
	受保护地区占国土面积比例	%	≥17
	空气环境质量	—	
	水环境质量		
	近岸海域水环境质量		

续表

类型	指标	单位	标准
生态环境保护	噪声环境质量	—	
生态环境保护	主要污染物排放强度	—	
生态环境保护	化学需氧量（COD）	千克/万元 GDP	<3.5
生态环境保护	二氧化硫（SO_2）	千克/万元 GDP	<4.5
生态环境保护	城市污水集中处理率	%	≥90
生态环境保护	工业固体废弃物处置利用率	%	≥90
生态环境保护	城镇人均公共绿地面积	平方米/人	≥12
生态环境保护	农村生活用能中清洁能源所占比例	%	≥50
生态环境保护	秸秆综合利用率	%	≥95
生态环境保护	规模化畜禽养殖场粪便综合利用率	%	≥95
生态环境保护	化肥施用强度（折纯）	千克/公顷	<250
生态环境保护	集中式饮用水水源水质达标率	%	100
生态环境保护	村镇饮用水卫生合格率	%	100
生态环境保护	农村卫生厕所普及率	%	≥95
生态环境保护	环境保护投资占 GDP 的比重	%	≥3.5
社会进步	人口自然增长率	‰	
社会进步	公众对环境的满意率	%	>95

附表 15　北京市低碳社区评价指标体系

北京市低碳社区评价指标体系

准则层	指标层	单位	基准值
社区居民碳排放水平	人均碳排放量	吨 CO_2/人	城镇≤0.79； 农村≤2.14
社区能源使用	清洁能源普及率	%	100
	可再生能源普及率	%	100
社区水资源利用	非传统水资源利用率	%	新社区≥30； 老旧社区≥10
	人均月用水量	立方米/人	≤3.5
社区建筑	节能建筑占现有居住建筑的比例	%	新社区≥67； 老旧社区≥50
社区固体废弃物处理	生活垃圾分类收集率	%	≥90
	生活垃圾无害化处理率	%	≥95
	厨余垃圾集中收集或就地处理设施	个	≥1
	秸秆回收利用率	%	≥90
	再生资源回收站点数量	个	≥1
社区公共设施建设	绿地率	%	新社区≥35； 老旧社区≥25
	社区主要出入口与公共交通站点的距离	米	≤500
	公共服务设施配套率	%	100
社区公众参与	低碳出行率	%	≥50
	节电器具使用率	%	≥90
	低碳宣传教育活动	次/年	城镇≥12； 农村≥4
	低碳家庭创建	—	

续表

准则层	指标层	单位	基准值
社区治理	社区治理的组织架构、低碳发展规划和实施方案	—	
	社区能源统计及能源管理制度	—	
	社区碳排放核算	—	
	社区公共服务信息平台	—	
	低碳生活指南	—	

附表16 天津低碳生态城市指标体系

中新天津低碳生态城市指标体系

类型	序号	指标	单位	标准
自然环境良好	1	环境空气质量（$PM_{2.5}$）	微克/立方米	≤50
	2	水体质量		符合最新国家标准Ⅳ级
	3	噪声污染等级		满足功能区所有标准
	4	湿地保护率	%	100
	5	生态岸线保留率	%	100
城市环境健康平衡	6	原生植被指数	%	≥70
	7	公园绿地5分钟步行可达半径	%	100
	8	热岛效应强度	℃	≤2.5
良好生活习惯	9	人均日用水量	升	≤110
	10	人均生活垃圾日产量	千克	≤0.8
	11	绿色建筑占比	%	100
	12	绿色出行占比	%	≥95
	13	活跃社会群体占比	%	≥80
	14	居民生活满意度	%	≥80
	15	居民健康素养	%	≥45
综合基础设施	16	饮用水覆盖	%	100
	17	年径流控制率	%	≥80
	18	康乐和体育设施距离	米	≤500
	19	无障碍通行	%	100

续表

类型	序号	指标	单位	标准
健全管理机制	20	保障性公共住房比例	%	≥20
	21	综合回收率	%	≥70
	22	废水回用率	%	100
	23	社会保障覆盖面	%	100
智慧高效管理	24	城市管理数字化率	%	100
	25	单位 GDP 排放		每 100 万美元不应超过 100 吨
	26	可再生能源使用率	%	≥32
	27	非传统水源使用率	%	≥60
促进技术创新	28	研发劳动力		每 10000 名就业人员中至少应有 150 名研发（R&D）科学家和工程师
	29	企业创新活跃率	%	≥75
产城融合	30	就业—住房均衡指数	%	≥50

附表 17 重庆市绿色低碳生态城区评价指标体系

重庆市绿色低碳生态城区评价指标体系

大类	指标层	指标	单位	指标值
土地利用及空间	场址选择	废弃场地开发再利用	—	
	场地开发	建设用地容积率	—	
		建筑密度	%	
		地下空间整体利用	—	
		地下空间线状与面状开发相结合及地上、地下部分的功能协调	—	
	公共设施	公共开放空间布局及可达性	—	
		市政管网普及率	%	100
		无障碍设施率	%	100
能源与建筑	绿色建筑	新建项目绿色建筑比例	%	100
	建筑节材	成品住宅比例	%	≥30
		绿色建材比例	%	≥20
		本地建材比例	%	居住建筑≥70;公共建筑≥60
	绿色施工	绿色施工比例	%	100
	建筑管理	新建建筑智能化普及率	%	100
	旧建筑利用	充分利用尚可使用的旧建筑	—	
	建筑节能	建筑节能设计标准	%	居住建筑≥65;公共建筑≥50
		新建政府办公建筑和大型公共建筑能耗检测覆盖率	%	100
		能源综合利用	—	
	可再生能源利用	可再生能源利用率	%	≥5

续表

大类	指标层	指标	单位	指标值
资源与环境	水资源循环利用	非传统水源利用率	%	≥20
		场地综合径流系数	—	
	水资源节约	节水器具和设备普及率	%	100
		供水管网漏损率	%	≤8
		用水分项计量普及率	%	100
	区域自然环境	自然湿地净损失	—	0
		环境噪声达标区覆盖率	%	100
		地表水环境质量达标率	%	100
		空气质量优良率	%	≥80
	微气候环境	人行区风速	米/秒	≤5
		室外日平均热岛强度	℃	≤1.5
	园林绿化和景观	本地植物指数	%	≥80
		慢行道路遮阴率	%	≥80
		建成区绿地率	%	≥30
		人均公共绿地面积	平方米/人	≥7.5
	固体废物处理	生活垃圾分类收集率	%	100
		垃圾回收再利用率	%	生活垃圾≥50；建筑垃圾≥30
		城区生活垃圾无害化处理率	%	100
	污水处理	城区生活污水集中处理率	%	≥90
交通	公共交通	500米范围内可达公交站点比例	%	100
	清洁能源交通	清洁能源公交比例	%	≥80
		专用停车位比例	%	≥10
产业	土地利用集约度	工业区域投资强度	万元/公顷	
		工业区域容积率	—	
		工业区域平均建筑密度	%	≥40
		行政办公及生活服务设施用地所占比重	%	≤7

续表

大类	指标层	指标	单位	指标值
产业	产业绿色化	通过ISO 14001认证的企业比例	%	100
		工业固体废弃物处置利用率	%	≥90
		工业废水排放达标率	%	100
		绿色工业建筑比例	%	≥30
		高新技术产业增加值占工业增加值比重	%	≥40
城市运营管理	城区管理	建设管理制度完善度	%	100
		城区容貌达标率	%	≥80
		管理和服务信息化的社区比例	%	100
		就业住房平衡指数	%	≥30
		公众对环境的满意率	%	>70
		低碳知识宣传教育普及率	%	>70
		城区内绿色出行比例	%	≥90
		实施低碳运营管理机制	—	
		实施碳计量	—	

附表 18　深圳低碳生态城市指标体系

深圳低碳生态城市指标体系

子系统层	路径层	指标层	单位	2020 年标准
经济转型	产业结构优化	现代服务业占 GDP 比重	%	≥5.5
		全社会研发支出占 GDP 比重	%	≥71
		战略性新兴低碳产业产值	亿元	8000
		单位工业用地增加值	亿元/平方公里	45
	调整能源结构	非化石能源占一次性能源消费比重	%	25
	资源集约高效	万元 GDP 建设用地	平方米/万元	<3.9
		单位 GDP 能耗	吨标煤/万元	<0.35
		单位 GDP 水耗	立方米/万元	≤17.3
环境优化	自然环境保护	自然保护区覆盖率	%	9
	环境污染治理	灰霾天数	天/年	≤130
		近岸海域功能区水质达标率	%	≥95
		地表水功能区水质达标率	%	100
	城市环境与自然环境协调	森林覆盖率	%	≥50
		城市绿化率	%	≥55
		建成区透水性地面面积比率	%	≥55
城市宜居	用地集约	人均建设用地面积	平方米/人	75~82
		单位建筑面积 GDP 产出	元/平方米	≥1700
		新建项目混合用地比例	%	≥30
	生活便宜	人均居住建筑面积	平方米/人	34
		日常公共服务设施步行可达覆盖率	%	85~100
	风貌延续	滨海生活岸线比例（含深圳河）	%	≥20
		有机转化率	%	≥70

续表

子系统层	路径层	指标层	单位	2020年标准
城市宜居	绿色交通	公共交通占机动化出行分担率	%	≥65
		新能源公交汽车保有量	万辆	≥1.0
		绿道网长度	公里	≥2340
		林荫路达标率	%	85
	绿色建筑	绿色建筑占新建公共建筑比例	%	≥80
	绿色市政	非常规水资源替代率	%	≥17
		生活垃圾资源化利用率	%	≥75
社会和谐	低碳消费	人均生活消费碳排放	吨 CO_2/人	≤1.45
		中低收入人群的社会保障率	%	100
	社会丰裕公平	中低收入家庭住房保障率	%	≥60
	公共服务完善	人均公共服务设施用地面积	平方米/人	5
示范创新	建设示范	太阳能光热应用建筑面积	万平方米	2500
		LED绿色照明普及率	%	100
		垃圾焚烧发电量	亿千瓦时	≥3.0
	技术创新	低碳技术研发平台	个	≥5

附表 19　贵阳市生态城市指标体系

贵阳市生态城市指标体系

一级指标	二级指标	单位
生态经济	人均生产总值	元/人
	服务业增加值占 GDP 的比重	%
	人均一般预算收入增速	%
	高新技术产业增加值增长率	%
	单位 GDP 能耗	吨标煤/万元
	R&D 经费支出占 GDP 的比重	%
生态环境	森林覆盖率	%
	人均公共绿地面积	平方米/人
	中心城区空气良好以上天数达标率	%
	主要饮用水水源水质达标率	%
	清洁能源使用率	%
	工业用水重复利用率	%
	工业固体废弃物综合利用率	%
	二氧化硫排放总量	万吨
民生改善	城市居民人均可支配收入	元/人
	农民人均纯收入	元/人
	人均受教育年限	年/人
	出生人口性别比	女生 = 100
	社会保险覆盖率	%
	新型农村合作医疗农民参合率	%
	城镇登记失业率	%
	人均住房面积不足 12 平方米的城镇低收入群体住户降低率	%
	社会安全指数	%

续表

一级指标	二级指标	单位
基础设施	人均道路面积	平方米/人
	城市生活污水集中处理率	%
	城市生活垃圾无害化处理率	%
	万人拥有公交车辆	辆/万人
生态文化	生态文明宣传教育普及率	%
	文化产业增加值占 GDP 比重	%
	居民文化娱乐消费支出占消费总支出的比重	%
廉洁高效	行政服务效率	%
	廉洁指数	%
	市民满意度	%

附表 20　无锡太湖新城国家低碳生态城示范区规划指标体系

无锡太湖新城国家低碳生态城示范区规划指标体系

大类	小类	指标	单位	指标值
城市功能	紧凑高效布局	建设用地综合容积率	—	≥1.2
		拥有混合使用功能的街坊比例	%	≥50
		公共活动中心与公共交通枢纽耦合度	%	≥80
		公共活动中心地下空间综合开发度	%	≥80
	公共设施可达	500 米范围内可达基本公共服务设施的比例	%	≥80
绿色交通	绿色出行	绿色出行比例	%	≥80
	公共交通	公交线路网密度	公里/平方公里	≥3
		500 米范围内可达公交站点比例	%	100
		清洁能源公共交通工具的比例	%	≥30
		公交平均车速	公里/小时	≥20
	慢行交通	慢行交通路网密度	公里/平方公里	≥3.7
能源与资源	建筑节能	新建居住和公共建筑设计节能率	%	≥65
		单位面积建筑能耗	kWh/m^2a	公共建筑≤100；居住建筑≤40
	区域能源规划	可再生能源比例	%	≥8
		区域供冷、供热覆盖率	%	≥20
	水资源节约	日人均生活水耗	升	≤120
		供水管网漏损率	%	≤5
		新建项目节水器具普及率	%	100
		新建项目节水灌溉普及率	%	100
		新建项目用水分项计量普及率	%	100

续表

大类	小类	指标	单位	指标值
能源与资源	水源循环利用	新建项目非传统水源利用率	%	≥40
	水处理	城市污水处理率	%	100
		工业废水排放达标率	%	100
	垃圾排放量	日人均生活垃圾排放量	千克/人/天	≤0.8
		建筑垃圾排放量	吨/万平方米	≤450
	垃圾分类收集	生活垃圾分类收集率	%	100
	垃圾再利用	垃圾回收再利用率	%	生活垃圾再利用率≥95；建筑垃圾再利用率≥75
	垃圾处理	生活垃圾无害化处理率	%	100
生态环境	空气质量	空气质量好于或等于二级标准的天数	天/年	350
	水域环境	地表水环境质量	—	不低于Ⅲ类水质
	环境噪声	环境噪声达标区覆盖率	%	100
	自然地貌	湿地、水系比例	%	≥15
	地块风环境	人行区风速	米/秒	≤5
	居住空间日照	住区日照达标覆盖率	%	100
	住区热岛效应	新建住区室外日平均热岛强度	℃	≤1.5
	景观绿化	植林率	%	≥45
		本地植物指数	—	≥0.8
		物种多样性	种	
	场地绿化	人均公共绿地	平方米/人	≥16
		建成区绿地率	%	≥42
		建成区绿化覆盖率	%	≥47
		每个居住区（3万~5万人）公园面积	公顷	≥1
	道路遮阴	慢行道路的遮阴率	%	≥75
	透水地面	新建项目透水地面比例	%	≥40

续表

大类	小类	指标	单位	指标值
绿色建筑	达标率	新建项目绿色建筑比例	%	100
	建筑材料	绿色环保材料比例	%	100
		本地建材比例	%	≥70
		产业化住宅比例	%	≥10
	绿色施工	绿色施工比例	%	100
	物业管理	物业管理通过 ISO 14001 的比例	%	100
		新建建筑智能化系统普及率	%	100
社会和谐	绿色经济	通过 ISO 14001 认证的企业比例	%	100
		单位 GDP 能耗	吨标煤/万元	≤0.3
		单位 GDP 水耗	立方米/万元	≤100
		单位 GDP 固体废物排放量	千克/万元	≤0.1
		单位 GDP 碳排放量	吨/万元	≤0.9
	宜居生活	绿色社区创建率	%	100
		绿色学校创建率	%	100
		无障碍设施率	%	100
	社会保障	拆迁住宅安置比例	%	100
		就业住房平衡指数	%	≥40
	公众满意度	公众对环境和社会服务的满意度	%	≥95

附表 21 曹妃甸低碳生态城市指标体系

曹妃甸低碳生态城市指标体系

序号	指标层
1	外籍常住人口占比
2	每万人高等院校在校生人数
3	就业人口中科研人员比例
4	环境保护投资占 GDP 比重
5	第三产业占比
6	就业率
7	城镇居民年人均可支配收入
8	基尼系数
9	公共安全指数
10	每千人拥有医院床位数
11	义务教育普及率
12	500 米公交站点覆盖率
13	使用公共出行占当地交通份额数
14	500 米内有公共服务设施的居民比例
15	城镇人均公共绿地面积
16	单位 GDP 水耗
17	单位 GDP 能耗
18	水环境质量
19	空气环境质量
20	近岸海域水环境质量

续表

序号	指标层
21	噪声环境质量
22	COD 排放强度
23	交通二氧化碳排放量
24	城镇生活污水集中处理率
25	城镇生活垃圾无害化处理率
26	退化土地恢复率
27	综合物种指数